最強職場諜報術

日本王牌諜報員頂尖密技，成功率100%的職場致勝法

上田篤盛 著
林函鼎 譯

前言

這個世界上最需要「一顆高速運轉的頭腦」的職業

「對事物及會話具備高度理解」
「用最快的效率完成工作」
「收集情報，並加以整理」
「看透人心，並納為己用」
「提高記憶力」
「預測事態發展」
「冷靜的判斷力」

許多商業人士心目中「頭腦靈活的人」，都具備這樣的特質。

當然，具備這樣的能力的話，在工作和商務上取得成果是很容易的，正因為如此，你才會選擇閱讀「提高頭腦運轉速度」為賣點的本書吧。

實際上，**剛好有一種工作幾乎具備了開頭所列的能力和資質。**

那就是**諜報員**。

本書定義的諜報員是美國的CIA、英國的MI6、俄羅斯的SVR、以色列的摩薩德等諜報機構，堅持面對敵人「不戰而勝」的信條，從事幕後情報戰工作者的總稱。

他們通過收集、分析資訊來製作情報，有時從事秘密工作，並執行保護國家重要秘密資訊的任務。

如果諜報員在任務上失敗，國家和國民將面臨危機，他們自身也將面臨死刑或入獄的下場，確實是重要且賭上性命的職業。

訓練諜報員是高成本高收穫的行為，在長期的基礎教育和實地教育中，不斷優勝劣汰，直到成為菁英集團。

也就是說，諜報員才是這個世界上最「腦子轉得不夠快就不能勝任的職業」。

本書主題是將世界優秀諜報員所實踐的「思考」和「行動」，總結成一本書進行介紹，並讓你能夠運用自如。

停止做無用功，用黑暗技能取得成果！

大多數的人都在努力、認真地工作吧，但是為什麼會沒有成果呢？

那是因為他們致力於做無用功，不知道提高效率的訣竅，最終都在做與結果無關的事情。

諜報員為了拯救國家危機，需要取得巨大的成果，**若你能學習諜報員的工作方法，你也會變得同樣優秀。**

但是，諜報活動往往在社會的幕後安靜地進行，所以諜報員的成功並沒有被華麗地傳頌，這也是為什麼諜報員的技能被稱為黑暗的技能。

不過我們還是可以從相關的紀錄和歷史文獻，以及前諜報員的自傳等資料，學習到一部分的黑暗技能。

而在歐美，企業也認識到這份智慧的重要性，退休的諜報員無論是現在還是過去，被企業挖角的例子很多，其中也有不少人成為成功的經營者。

因此諜報員的技能中汎用性高的部分，**開始流入商業界活用，並證明能提供有效的幫助**，如果商業人士使用這些技能，也同樣能大大加快頭腦的運轉速度。

諜報人員必須在急迫的情況下做出選擇，因此，諜報員的技能**排除了所有的「不合理、無用功、不協調」，簡潔有力**，讓商務人士也快速理解諜報員的技能從而實踐。

我以前在國家機關從事資訊的收集和分析，如今成為商界人士，便開始著手精選重要的資訊，根據自己的經驗，用平易的方式解說。

如果你實踐了本書所寫的內容，肯定可以在商務和工作上取得成果。

前情報分析官將「世界諜報員的技術」整理成一本書

雖然日本沒有像ＣＩＡ這樣在海外進行秘密任務的機構，但是如果被問到「日本有諜報機關嗎」的話就很微妙了。這是因為諜報這個詞原本是指隱匿目的收集情報的活動，當中也包含收集公開來源（公開情報源）進行分析的部分。

這樣的活動任何國家都是理所當然的，如果被問到我曾經就職過的「情報分析官是諜報員嗎？」，那我想答案可以說「是」。

在日本，諜報給人一種骯髒的印象，所以很難以啟齒。

我曾經作為情報幹部、情報分析官、情報學校的教官、駐外大使館員等工作，雖然沒有像真正的諜報員那樣隱瞞身分，但還是收集並分析了資訊。

同時我也從各國情報機關公開的情報分析手冊，各國的間諜大師和諜報員的自傳等，了解他們的思考方法，磨練自己的情報收集和分析的技能。

簡而言之，所謂的情報工作就是製作情報，把收集到的資訊按照自己的方式解釋，運用在決策與行動上，也可以說是活用智慧的表現。

現在，作為一名商務人士，我對於商務界有很多提高技能的研修機會，但是提高知識素養的研修機會卻很少這件事感到可惜，也就是說，雖然能夠體認到智慧的重要性，但不足以將其應用於商業。

今後，隨著社會變化速度越來越快，資訊將在高度的ＩＣＴ[1]（資訊通信技術）社會中氾濫。**因此，情報和諜報的重要性不斷增大**，尤其是在對資訊的活用和安全這兩方面。

本書從前諜報員的經驗以及寫在面向商務的著作中，抽出商務人士可以活用的精華整理成冊。並用我的經驗和知識，加以進行體系構成和內容介紹。

因此，我有信心本書作為知識素養的入門書的價值也很高。

關於本書的構成

本書的內容如下：

1章：介紹諜報員的特質，在各式各樣的組織中，進行什麼樣的活動、擁有哪些技能，讓你明白諜報員頭腦靈活的理由。

2章：介紹資訊收集術，了解諜報員如何收集秘密情報。

3章：介紹人心掌握術，諜報員如何找到合作對象，驅使他們按照自己的想法行動。

4章：介紹記憶術，掌握記住關鍵字和人的對話內容的技術，在需要的時候瞬間回想起記憶的方法。

5章：介紹資訊分析術，從運用到4章為止的技巧，從收集的資訊中，做出有效決策、行動的要點。

【本書註釋全為譯註】

1 ＩＣＴ（Information and Communication Technology），資訊科技及通訊技術的合稱。

6章：介紹提高達標執行力的方法，以冷靜、迅速的姿態靈活地思考、行動的技術。

歷史上間諜戰無處不在，期望你能一邊享受一邊掌握技能。

上田篤盛

前言……003

01

運用諜報員的絕密技術，「提高頭腦的運轉速度」

職場、商務拿出成果的「諜報之型」

02

提高頭腦情報收集力的動腦方式
辨別情報來源、目標、真偽的「諜報之型」

03

掌握人心的動腦方式
找到合作者，建立信賴關係，操縱人心的「諜報之型」

04

記憶並在需要時瞬間想起的動腦方式

用「關鍵字」、「話題內容」、「人物」來幫助記憶的「諜報之型」

05

提高情報分析力的動腦方式

在決策、行動中活用情報的「諜報之型」

06

「冷靜」、「迅速」實行想法的動腦方式
「狀況判斷」、「風險管理」、「情緒控管」的「諜報之型」

01

運用諜報員的絕密技術
「提高頭腦的運轉速度」

職場、商務拿出成果的「諜報之型」

諜報員都擁有一顆聰明的頭腦，
因為這是一個伴隨著死亡與坐牢風險的職業。
即使是無法想像的緊張和壓力狀態，
也要冷靜、迅速、柔軟地達成任務。為什麼？
其原因是為了訓練自己徹底掌握思考和行動的「型」。
「這種時候，只要這麼做就好了」
掌握工作的流程和行動模式（型），
必然能夠提高頭腦的運轉速度。
本書將全世界優秀諜報員的「絕密技術」彙編成一冊，
學會這些型，你也能變得運用自如。

歷史上第二古老的職業「間諜」

間諜是一個廣為人知的職業，不僅如此，它同時也是歷史上第二古老的職業。

這代表間諜活動與人類社會密不可分，**是與人類生活息息相關的根本技能和職業**。

可以說我們對於間諜一詞毫不陌生，簡單來說，就是對從敵對勢力中獲取情報，進行收集活動的人的總稱。

日本在戰前也有出版《防範間諜!!保密防諜的心得》（國防科學研究會）一書，使間諜一詞在社會上引起騷動。

而在現代社會，不論電影、電視劇、書籍、漫畫、動畫中，也有很多涉及間諜的東西，以及關於CIA和MI6等組織也時有所聞吧。

間諜同時也有著特工、內應、殺手、替身等工作與身分。

用日本人容易了解的例子來說明：

戰前在日本活動的前蘇聯間諜佐爾格是區域負責人，其代理人（合作者）就是記者尾崎秀實[2]。

由於佐爾格和尾崎的存在，日本人才深切認識到間諜一詞。也是從這個時候開始，日本把隸屬國家軍事組織從事情報活動的人稱為「諜報員」，把敵國的諜報員稱為「間諜」來做區分。

日軍在進行軍事作戰時，把「通過公開檔案和合作者提供的必要情報」稱為諜報，參與軍事作戰的人稱為諜報員。

這些賭上性命，獻身於情報任務的愛國之士就是諜報員。

那些由敵對勢力派遣，刺探日本政府與軍隊情報的人，則蔑稱為間諜。

出於這樣的典故，我不會稱日本的諜報員為間諜，但同時敵對勢力的間諜在那邊看來也一定是愛國之士，所以為向他們表示敬意，在本書中出現的間諜我也會尊稱為諜報員。

諜報技能是人類生存的根源技能

掌握諜報員工作的「型」，就能提高頭腦的運轉速度

在外務省擔任情報分析官等職務的作家佐藤優，在二〇二〇年出演了民間廣播節目，針對俄羅斯ＳＶＲ（對外情報廳）的教育宣導發表了以下內容：

「ＳＶＲ的出身者，大多從十七歲開始進入在日本相當於東京大學的國際關係大學就讀。

這是普通的大學，五年學業結束二十二歲時，接著進入國內的ＦＳＢ的學校就讀兩年。（作者補充：ＦＳＢ是指俄羅斯聯邦警衛廳、防諜組織）

在那裡接受教育之後，再繼續對外諜報專家的訓練三年，內容包含變裝術，改變人生經歷，徒手殺人的技術等。

暗號、秘密墨水的使用方法，簡單來說就是貼在郵票背面進行通信的墨水。或者發送表面上像是電腦裡普通的照片，解讀在其中隱藏密碼資訊的技術等。

2 尾崎秀実／おざき ほつみ／Ozaki Hotsumi（一九〇一年～一九四四年），響應蘇俄佐爾格諜報團的日本間諜，暴露後被日本政府以反國防保安法處死。

不僅僅如此，每一個人都還會有一個完美的職業身分做掩護。

貿易代表部在蘇聯時代又稱為商社，戰後在日本做著像ＪＥＴＲＯ[3]一樣的貿易振興的地方，職員們也接受了作為商社的專業訓練。

又例如，接受記者訓練的人會進入塔斯通訊社[4]或俄羅斯新聞社，猜猜看這些人要受多久的訓練？

答案是五年。所以，當需要寫報導的時候就能寫出報導，跟真正的記者毫無差異。至於偽裝成記者的理由，因為是記者的話，無論是總理大臣、各部長官、學者、街上的普通人，和誰見面都不奇怪。

但是，如果是記者的話也會有缺點，一直訪談卻完全不寫報導的記者太可疑了，所以必須花心力在寫新聞這件事上。

那麼在訪談中，不寫報導也不會被懷疑的職業是什麼呢？

那就是學者，這些人基本上都取得了博士學位，也在研究機關待了五年左右，成為了獨當一面的學者。」（參考佐藤優《俄羅斯間諜教育和專業的規則》，日本廣播 NEWS ONLINE）

透過長時間的教育與研修，諜報員也能學會在工作中必要的技能。

因為掌握了思考的型、行動的型、工作的型，所以經常能達成任務。

諜報員是如果任務失敗，就會被判處死刑或入獄的職業，聽命所屬諜報機關的安排部屬，活在危險與緊張之中。

在這種情況下，為什麼還能冷靜地完成工作呢？因為有一顆高速轉動的頭腦。

諜報員被灌輸了各種各樣的「型」，以便「無意識下也能隨時提高」頭腦的運轉速度。進入「這種時候，這樣做就好了」的模式中。

「收集情報」、「分析情報並預測未來」、「記憶並引出記憶進行整理」、「溝通交流」、「進行風險管理並行動」等等。

這就是諜報員所具備的冷靜、有效、隨機應變的工作能力。

3 JETRO，日本貿易振興機構，位於東京都港區的經濟產業省主管的獨立行政法人。

4 俄通社－塔斯社，簡稱俄塔社，為俄羅斯最大的通訊社，亦是國際性通訊社之一，屬於俄羅斯國家通訊社。其前身為蘇聯官方通訊社塔斯社，為世界五大通訊社之一。

本書介紹了諜報員經過漫長的歲月學習、一般人所不知道的「絕密技術」。

話雖如此，商務人士也有用不到的技能，例如飛車追逐、防身術、操作衛星的偵察技術等。

再整理一遍，「收集資訊」、「分析資訊預測未來」、「記憶並引出記憶進行整理」、「溝通交流」、「進行風險管理並行動」等才是我們需要的部分。

本書只介紹工作及商務上能派上用場的五個「絕密技術」，希望能為你帶來幫助。

用絕密技術就能「冷靜」、「隨機應變」地達成任務

諜報員在進行任務時需要運用各種技能

那麼，諜報員具體執行什麼樣的任務呢，參考下頁圖「何謂情報活動？」就很容易明白了。

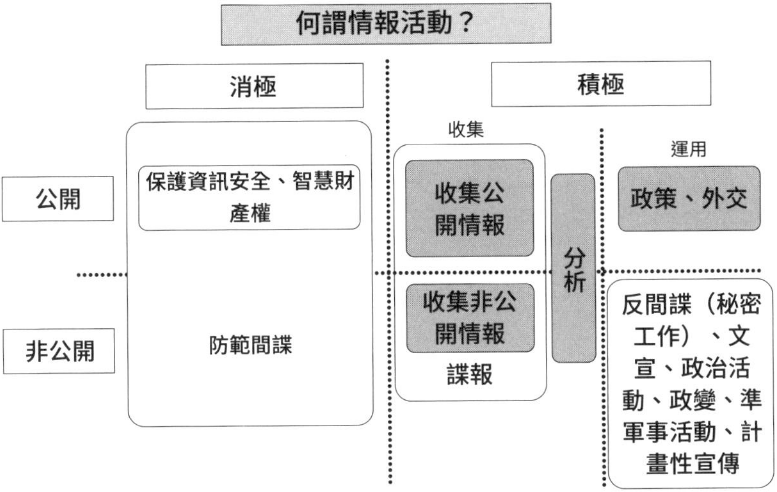

情報活動不僅僅是收集資訊。還能夠分為「**積極活用資訊**（積極的情報活動）」和「**消極保護資訊不受對方影響**（消極的情報活動）」。

積極的情報活動可以分為「收集（獲得）情報的活動」、「分析情報生成情報的活動」、「根據情報進行公開的內政和外交」、「在檯面下進行的秘密工作」等。

收集情報的來源可以是外國的報紙、書籍、網路資訊、通信監聽等公開的收集資訊，以及成立專門組織對外國的活動進行非公開觀察，並獲得資訊的間諜活動。

檯面下的工作包含「政治活動」、「經濟活動」、「政變」、「準軍事作戰」、「宣傳（文宣）」等。

另一方面，消極情報活動包括被動、公開地保護資訊的「情報安全」，以及非公開、主動出擊的「反情報[5]」。

其他所有國家，都是這樣劃分、編成情報組織，來強化情報活動的功能。日本也不例外，培養秘密部隊的日軍組織陸軍中野學校，將軍事情報活動稱為秘密戰，分為「諜報」、「防諜」、「宣傳」、「謀略」四種。

並將防諜分為「積極防諜」和「消極防諜」。諜報分為收集情報以及間諜活動，防諜方面有反情報，「宣傳」與「謀略」則屬於檯面下的活動。

但是，諜報、防諜、宣傳、謀略的區分並沒有那麼嚴格。

例如，為了防諜，需要探知對方動向的諜報，即使是進行宣傳和謀略，也是通過諜報尋找對方的缺點，來突顯自己的優點。

宣傳、謀略或秘密工作，都是在情報組織一步步布局的過程中產生的。

秘密工作的原則是不公開，在檯面下進行，所以不能掛名在正式的政府和軍事機關下。因此，除了CIA和KGB的例子以外，在各國都有情報組織承擔秘密工作。

傳說中的前CIA長官艾倫・杜勒斯[6]在《諜報技術》中說：**「要想進行陰謀性秘密工作，情報組織是最理想的。」**

諜報員的任務複雜多變，需要使用各式各樣的「絕密技術」，當中許多技巧可以套用到商業上。

把秘密部隊的技術應用於商業

5 反情報（Counterintelligence），防止與制壓敵方間諜破壞、顛覆與其情報活動或減低其效能的一切措施。

6 艾倫・威爾許・杜勒斯（Allen Welsh Dulles，一八九三年～一九六九年），是首位文人出身且任期最長的美國中央情報總監，亦是沃倫委員會的一員以及施羅德銀行董事。杜勒斯除了公職身分，也是「蘇利文與克倫威斯法律事務所」專攻公司法的執業律師。

ＣＩＡ與ＦＢＩ的差別——何謂情報機關？

來談談諜報員所屬的情報組織吧。

雖然區分為積極活動和消極活動，但在美國，進行前者的代表性組織是ＣＩＡ，後者則是ＦＢＩ。

在英國，ＭＩ６從事積極活動，ＭＩ５從事消極活動。而在俄羅斯，以ＳＶＲ進行積極活動，ＦＳＢ進行消極活動。

這樣，在各國一般都有進行積極活動和消極活動的兩個情報組織。

以ＣＩＡ為例，來說明對外情報組織。

ＣＩＡ收集資訊，製作基於全源（所有情報源）分析的產品（資料），再根據總統的命令和指示，實施有效的秘密工作活動。此外，也通過保護維護國家安全的秘密，推進美國國家安全目標。

在這裡工作的人數超過兩萬人，預算規模每年約為一百五十億美元。

該組織由分析部門、作戰部門、科學技術部門、數位創新部門、支援部

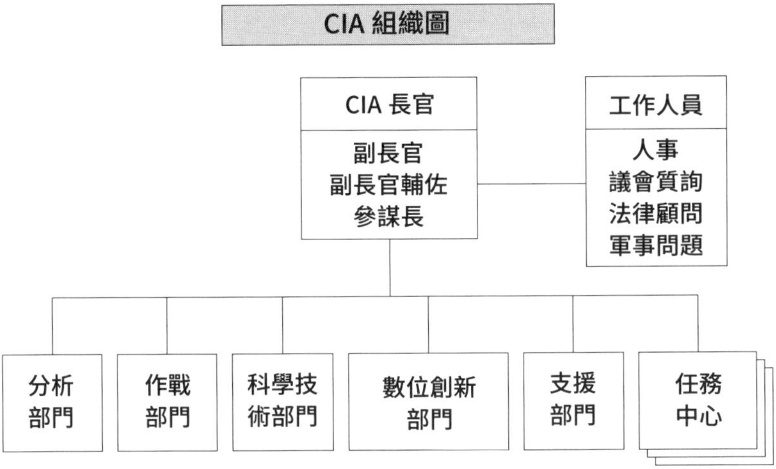

出處：參考 CIA 的官方網頁

門五部和任務中心組成。

其中主要的是分析部門和作戰部門，分析部門分析得到的情報，並將其轉化為資訊輸出，幫助政策制定者做出決策。

作戰部門收集整理從情報源得到的情報（從各種人身上得到的情報），必要時根據總統的命令進行秘密工作。

並由作戰部門的菁英負責在最危險的情況下執行任務。

這也表示，在分析部門工作的情報分析官，一般不會在外國隱藏身分進行 Humint 諜報（從人身上得到情報的活動），也不會進行策劃謀略或秘密工作。

這讓有些情報人員對稱他們為諜報員感到牴觸，但從整個組織來看，進行情報分析、創造情報都會成為現場諜報員行動的依據。

分析部門的成員也參與了諜報活動和秘密工作，因此本書也會將他們稱為諜報員。

積極活動的是CIA，消極活動的是FBI

最優秀的諜報員都在做什麼？

如前所述，在國外工作的諜報員有各式各樣的角色分工。

有組織本部和諜報員進行通信聯絡的人（聯絡員、通信員）、在當地指揮的人（領導員），以及募集當地的合作者（代理人）及內應等，由各式各樣的成員組成。

一般來說，在駐外大使館以公共身分活動的人會成為當地領導員，指揮本國偽裝成新聞記者等身分的諜報員、在當地招募的代理人、向本國傳達秘密資訊的聯絡員和通信員等構成諜報網。

諜報員總的來說，根據身分、角色、任務的不同，要求的資質和技能也不同。

用極端的方式來形容的話，從事**「不時面臨拘留入獄及死亡的風險，一邊為國家活動」**，進行這樣困難且光榮的工作的就是諜報員。

在中國軍事戰略書《孫子》中，把間諜分為「鄉間」、「內間」、「反間」、「死間」、「生間」五種，並將其統稱為「五間」。

其實，現代的商業界也有五間運用。讓我用簡單易懂的例子來一一介紹說明吧。

【鄉間】

為了探知顧客的需求，從現場周邊的人、相關的交易商、顧客身上收集情報。

【內間】
與競爭對手的員工友好相處，獲取競爭對手的內部情報。

【反間】
籠絡競爭對手的員工中有秘密資訊的人成為合作者，和競爭公司的營業人員變得親近，促使他們倒向我方公司，或散布虛假資訊使對方判斷錯誤

【死間】
辭去公司職務，讓競爭對手疏忽大意，進而從競爭對手那裡獲得重要的機密資訊，麻痺競爭對手的判斷能力。

【生間】
潛入競爭對手公司臥底，並向原公司洩漏內部資訊，來往於競爭對手和公司本部之間，報告和傳達情報。

當然，雖然不應該進行這樣的非法活動，但包括外國企業在內的各種競爭對手，也有可能通過這樣的手段獲得重要情報或挖角重要人物。

在商業上，諜報、情報、反情報是不容忽視的一環。

所以商務人士即使自己不成為諜報員，也要知道諜報員會進行什麼樣的任務。

話說回來，《孫子》中最受重視的是「反間」，「反間」是指「雙重間諜」的意思。

雙重間諜不僅滲透到敵人的情報組織中，收集對我方有用的情報。

同時也為了有利於我方的作戰，有意識地散布虛假資訊，使敵對勢力的判斷失誤，或讓人民失去對政府的信任。

他們是在最危險的環境下進行「鬥智」的人，**需要高度的情報分析力和狀況判斷力，具備勇氣的決斷力和行動力，慎重的風險管理力**等，可以說是最頂尖的諜報員。

在世界流通的間諜書裡，有些會將「間諜」和「特工」區分開來進行列舉，但很多雙重間諜工作時會同時涉及諜報和秘密工作兩種層面。

因為諜報和秘密工作無法劃出明確的界線，所以在本書中，間諜和特工都將稱為諜報員。

在商業界中使用「諜報技術」的人是最強的！

讓你擁有菁英的優秀頭腦

英國是近代情報機關的發源地，**擁有最優秀的諜報員，能成為諜報員是值得驕傲的事**，甚至有人說「諜報員是紳士的職業」。

因此，諜報員大部分出身於劍橋、牛津等一流大學。

這些大學的畢業生對哲學、古典、神學以及科學瞭若指掌，這些進入情報組織的菁英自尊心極強，因此英國重視 Humint[7]（從他人身上獲取情報的活動）的傾向很明顯。

他們所進行的諜報活動，需要高強度的鬥智鬥力，因此也被稱為頭腦戰、智慧之戰。

在前蘇聯和中國也同樣，擁有超一流的諜報人才，比如中國前總理周恩來，就是中國建國前情報機關的領導人。

據悉，俄羅斯總統普丁在少年時代看過以間諜為主角的電影，以此為契機嚮往成為諜報員，大學入學前立志加入ＫＧＢ。

這時，職員說：「這裡不是自願進入的地方。如果想進入，就去軍隊或大學。」普丁於是進入國立列寧格勒大學法學院國際學科，畢業後被校方推薦成為ＫＧＢ。

這些國外希望成為諜報員的優秀人才，就這樣由情報組織培養成了國家菁英。

諜報員是超一流的

成為諜報員不僅能滿足自己的自尊心，也是深受其他人尊敬的理想職業。

7 human intelligence，透過俘虜、審問等方式進行的間諜活動。

擁有諜報員的資質，就能脫穎而出

諜報員是最優秀的。

時至今日，許多諜報員從情報組織退休後寫下著作，成為暢銷書。這大概是因為世人看見了他們的優秀之處，想接近他們的思考領域吧。

企業渴求招募這些退休的諜報員，但要找到這種優秀的人才並不容易。

前ＣＩＡ長官艾倫·杜勒斯年輕時在瑞士，從事瓦解德國希特勒帝國的秘密工作。

杜勒斯曾經在ＣＩＡ中級研修員的班級演講時，列舉優秀諜報員應具備哪些資質（引自《諜報技術》）：

- **擁有看人的眼光**
- **能在艱困的狀況下找到合作者協助完成工作**
- **學會辨別事情的真偽**
- **能區分重要與不重要的事情**

- **擁有一顆追求真相的心**
- **能夠吃苦耐勞**
- **留意每一件細微的事情**
- **思路清晰簡潔，並且重要的是，言談有趣，表達力佳**
- **該保持沉默的時候不要多話**

一旦具備了這樣的資質，任何企業都會搶著要你的。

優秀的諜報員需要的資質和在商業上成功的人是一樣的

所有優秀的諜報員都是從菜鳥開始

在英國，理想諜報員的條件是：

「有教養，能靠自己一個人的力量活下去的行動派青年，受過高等教育，帥氣但不能太引人注目，有勇氣但不莽撞，同時具備思考能力與毅力的人。」

這些條件缺一不可。

畢竟，理想的諜報員並不是像００７詹姆斯·龐德這樣身體能力出眾、不怕危險的冒失鬼，而是一個平衡、不起眼、冷靜、優秀的人物。

所謂諜報員的理想資質，就是**「對任何事情都抱持一顆好奇心，並能辨別真偽、具備常識、判斷力優秀、頭腦清晰的人物」**。

這同時也是商業菁英所需要的資質，所以許多商業界的人士渴求這樣的人才。

戰前的日本，有一本諜報活動的指南書叫《諜報宣傳工作指南》。

該書由當時的陸軍參謀本部第二部編纂，當作陸軍中野學校的教材。

內容提到，作為諜報員需要具備的要件：

「掌握諜報目的及現場條件，富有犧牲精神和責任感，具有大膽、冷靜、敏捷的觀察力和推理力，良好的記憶力，強健的身心以及毅力。」

書中如此說道。

責任感、推理能力、記憶力、毅力等也是商務人士必備的條件。

此外，在該書中還提到，語言能力是必要條件之一。

但是，很少有人完全具備這些必要條件，由於諜報員的用途多種多樣，任務的輕重和難易度不同，所以必須考慮其特長、性格，根據情況適才適所。

也就是說，諜報員需要比一般人更高的資質和技能，但這世上不可能有人能做到完美。

商務人士也不需要每個方面都很優秀，只要從諜報員那裡學到對自己來說必要的技能，掌握自己擅長的領域就好了，不要把事情想得太過困難。

每個人都能掌握諜報員的技術

學習交流、資訊的收集與分析、記憶、風險管理，就能成為最強！

世界上到處都是間諜小說，雖然也有通過訪談真實性較高的著作，但為了吸引讀者目光，往往添加了多餘的戲劇性。

歐美國家情報機關出身的諜報員則留下了實用性較高的著作，CIA前長官艾倫·杜勒斯的書（《諜報技術》）和德國聯邦情報局第一任長官萊因哈德·蓋倫[8]的著作（《諜報工作》）非常值得參考。

另外，由日軍的前情報軍官寫的書也可以作為學習的範本。正好最近日本情報機關的許多高層也退休了，開始留下著作，可以從中學到日本是如何建立情報體系的過程，增加相關知識。

想來點不一樣的書的話，可以閱讀以色列情報部摩薩德傳奇秘密諜報員沃爾夫岡·洛茨[9]的回憶錄《間諜手冊》。

這是身為諜報員時「不為人知的故事」（偽裝潛伏的經歷），內容介紹諜報員的工作與經歷。

戰前的日本也有名為《諜報宣傳工作指南》的參考書，內容涉及諜報、宣傳、謀略、諜報防衛（防諜）的做法。

從國家情報機關、培養諜報員的過程、指揮他們進行什麼樣的情報活動等視角來看，可以從這些書中學得在現代派上用場的知識。

不過，隨著時代變遷，最近CIA、FBI、KGB等國家情報機關的前諜報員也開始寫面向商務人士的書。

他們所看重的商業技能包括：

1. 操控對方心理狀態的方法

2. 迴避、逃脫危機的方法

3. 尋找合作者的溝通術

4. 諜報員的情報收集術

5. 諜報員提高記憶力的方法

他們有保密義務，出版時當然要經過審核，所以會省略不該說的部分，

8 萊因哈德．蓋倫（Reinhard Gehlen，一九〇二年～一九七九年），納粹德國陸軍中將，負責德軍在東線的情報工作，一九四六年至一九五六年為美國中央情報局相關的蓋倫組織工作。德國聯邦情報局首任局長。

9 沃爾夫岡．洛茨（Wolfgang Lotz，一九二一年～一九九三年），德國出生猶太人，以色列在埃及的間諜。

用婉轉的方式帶過。

但即便如此，也能從中學習到諜報員使用的技能，應用於商務活動上。

不過我多年來作為情報機關的分析官，以自己的經歷來看這些作品，其中有些內容只能作為閒暇時的讀物，不具備實用的價值。

如果完全照這些書中所寫的方式來做事，有可能會出大問題，所以，有必要去蕪存菁，整理出對商業人士有用的東西。

最近出版了前ＣＩＡ副部長寫的情報分析書，於是社會上出現了學習國家情報機關思考方式的風潮。

在這一背景下，人們開始認識到情報分析技能在商業界的價值。

如今，網路上流傳著龐大的資訊，其中錯誤資訊、虛假資訊和危害資訊氾濫，所以情報分析的技能非常重要。

在這樣的資訊浪潮中，保護國民不受到影響也是國家的作用，但卻很難找到有效的措施。

從這方面來說，在互相欺騙的世界裡，看清情報的真偽，運用情報分析技能展現智慧，取得成果的前諜報員的著作，將成為派上用場的參考書吧。

諜報員的技術對商務人士也是必要的！

基本思考工具，運用ＤＡＤＡ完成任務

那麼，在國外等前線活動的諜報員會使用怎樣的思考方式及行動準則來進行工作呢？

前ＣＩＡ諜報員約翰．布拉德克在《間諜教你的思考術》中介紹了「ＤＡＤＡ」這一思考法和行動準則。

「將情報收集與分析結合、分析與決策結合、決策與行動結合，十分單純」，ＤＡＤＡ的流程如下：

【Ｄ】Data：情報收集
【Ａ】Analysis：情報的分析、分解
【Ｄ】Decision：決定、判斷

【A】Action：行動

據悉，布拉德克的ＤＡＤＡ是參考美軍作戰決策和行動決定準則「ＯＯＤＡ」所寫下的。

在這裡說明一下ＯＯＤＡ吧，這是美軍飛行員約翰·博伊德提倡的行動準則。

【O】（Observe：觀察）

【O】（Orient：判斷狀況）

【D】（Decide：下決定）

【A】（Act：行動）

由以上四個項目構成，博伊德作為戰鬥機飛行員在空軍度過了二十四年，於朝鮮戰爭中，駕駛 F-86 成為擊墜王。

博伊德後來辭去飛行員職務成為教官，被稱為傳奇人物「四十秒的博伊德」，因為他曾在模擬演習中，只花了四十秒就擊落了空軍、海軍、海軍陸

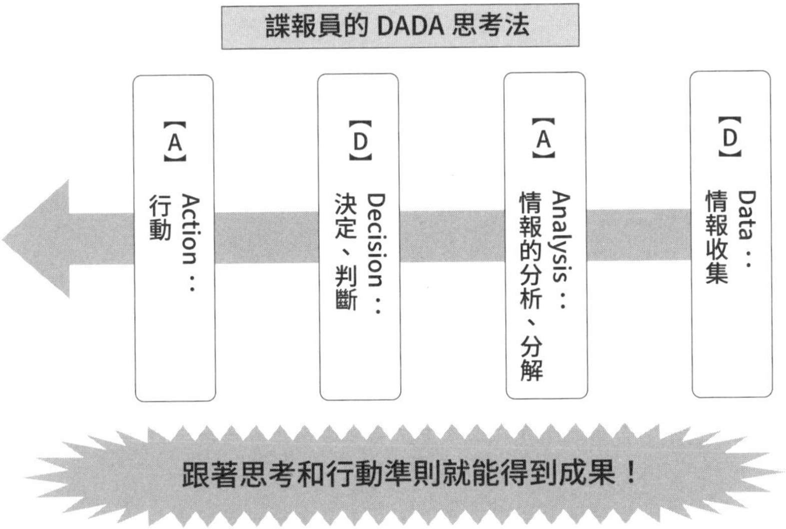

戰隊的一流飛行員們，所以得到了這個稱號。

由此可見，他的思考與行動能力凌駕在他人之上。

博伊德提倡的ＯＯＤＡ，從美國海軍陸戰隊開始普及到整個美軍，並在不久之後作為決策和行動依據，席捲了整個商界。

ＯＯＤＡ由「觀察眼前的事物和狀況」、「判斷做法」、「制定決策」、「行動」組成，其核心理念是迅速的狀況判斷和決策。

ＯＯＤＡ和ＤＡＤＡ都有觀察（Ｏ）、數據收集（Ｄ）、狀況判斷（Ｏ），雖然在分析（Ａ）上有所差異，但整體來說是差不多的東西。

關鍵的部分在於 **DADA 重視數據收集，即情報的價值**。

ＯＯＤＡ的觀察並不是輕視收集數據和情報，但ＤＡＤＡ特別強調情報收集，屬於諜報員特有的思考方式。

布拉德克曾說過，在進行海外諜報活動時，靠ＤＡＤＡ克服了許多困難和危機。

也就是說，**「收集情報（數據）」**、**「分析情報」**、**「決定行動」**、**「付諸行動」**的行動準則是諜報員必備的武器。

這種諜報員的思考方式和行動準則對商業人士也有很大的幫助。

現代技術日新月異，如果不能迅速地做出決策，就無法與競爭對手及其他同業競爭。

因此，掌握諜報員**情報收集↓分析↓行動決定↓行動**的循環是不可或缺的。

諜報員情報收集↓分析↓行動決定↓行動的循環

嚴選能用於工作和商務的技能來學習吧

本書的內容主要是從國外前線現場和分析部門的諜報員身上，整理出各式各樣的技能和思考法。

前CIA職員傑森・漢森所寫的著作中，記述著求生技巧（危險逼近時逃脫，現場判斷等）、迴避危機時運用的隨身物品（小刀、手機、髮夾、手銬的鑰匙等），解說了如何逃出生天的技巧。

這樣的書作為讀物非常有趣，但是一般的商務人士被綁架、拘禁的情況很少發生，所以裡面所寫的危機應對方法在本書中並不會提到。

本書的目標在於從諜報員身上**學習冷靜完成任務的技能，並介紹一流的諜報員們的思考方式**。

諜報員有執行任務的模式，**只要掌握這些「型」，就能在短時間內提高頭腦的運轉速度**。

也就是說，從過去的諜報員身上學習「如何收集情報」、「如何整理收集到的情報，並將其數據化或備份」、「如何用收集到的情報制定決策、採取行動」、「如何活用數據和情報來判斷狀況」的部分。

接下來的篇章將依序介紹「情報收集術、情報的整理、記憶術、情報的分析術、狀況判斷、決策術」。

讓我們學會諜報員運轉頭腦的技術吧

02

提高頭腦情報收集力的動腦方式

辨別情報來源、目標、真偽的「諜報之型」

情報收集在現代有很多方法，變得越來越簡單。
情報可以從人、公開資訊中獲得。
這是一個可以輕鬆獲得大量情報的時代。
但重要的是，
從哪些地方，哪些對象，用哪些手段得到情報？
這個情報有價值嗎？
那個情報真的正確嗎？
也就是說，即使得到了情報，
如果是虛假資訊，也無法用於商務。
在這一章中將介紹諜報員所使用，
可以在商務上得到成果的情報收集之型。

作為大前提，隱藏「為什麼要這麼做？」

不管情報的獲取方法是「公開或非公開」，還是「合法或非法」，隱藏收集目的就是諜報。

所以諜報員對目的絕對保密，除非在諜報員進行的秘密工作中，有意圖的進行謀略行為，才會刻意讓對方看見自己的行動。

但無論如何「為什麼要這樣做呢？」這件事絕對不會讓別人知道，所以日軍的諜報、宣傳、謀略等，都被稱為秘密戰。

諜報員的基本原則是將目的保密並獲取情報，這點在商業界也是一樣的，不論在公司內外都不會改變。

舉凡銷售人員、物品和服務的開發者、企劃、行銷、經營者，如果把自己的目的曝光，就會在與其他公司的競爭中陷入劣勢，嚴重的話甚至會導致自己公司被競爭對手打敗。

所以作為大前提，如果想比競爭對手更快完成某件事，在收集情報時，最好記住「收集情報的目的一定要保密」。

收集情報的目的絕對要保密

什麼是重要的情報源 OSINT 和 Human Intelligence？

那麼諜報員都是從哪裡收集情報的呢？大致可分為公開及非公開。

公開情報可以從報紙、雜誌、電視和網路上進行收集，**公開情報又稱為 OSINT**[10]。

非公開情報，正如字面意思一樣，一般都是隱藏的情報，從國家和企業的秘密到個人擁有的秘密技能、資訊、居酒屋秘傳的醬料等都屬於此類。

非公開情報可分為**「透過他人獲取情報」的 HUMINT** 和「運用科技手段獲取情報」的 TECHINT[11]。

TECHINT 是使用通信監聽和偵察衛星等科技技術來獲得情報的手段，但與一般商務人士沒有太大關係，所以不需要深入了解。

這些情報來源通稱為情報源。

單獨活動的諜報員的主要情報來源是公開情報（OSINT）和來自人的情報（HUMINT）。

公開資訊占全體情報的 90 % 以上，諜報員都是先從收集公開資訊開始的。被稱為日本諜報員頂點的明石元二郎，於日俄戰爭時在俄羅斯和瑞典，找到與俄羅斯敵對的合作者，進行諜報活動。

當時就是靠著公開情報，進行對俄羅斯的事前分析才取得成果，是一段令人驚嘆的故事，如果有興趣的話，推薦去讀明石寫的著作《落下流水》。

一般商務人士也能做到使用 OSINT 和 HUMINT。

現在的時代，網路上有各式各樣的資訊，所以只要用心就能收集到很多公開情報。

10 Open Source INTelligence，公開情報源。

11 Technical Intelligence，科技技術相關的機密情報。

但是，有價值和沒有價值的情報混雜在一起，甚至充斥著錯誤和虛假資訊，許多有心人不斷進行著資訊操作，所以需要小心提防。

90%的情報來自公開資訊

CIA前副部長的「HEAD」思考法

沒有「不知道該收集什麼情報」的諜報員。

因為諜報員有分析部門的情報收集指示，分析部門則會從決策者那裡得到「為了制定戰略需要哪些情報」的指示。

這個「情報收集的指示」被稱為「情報要求」，在決定收集情報的方向上非常重要。

現代社會資訊氾濫，透過收集大量的數據，很容易可以找到所有需要的情報。

但是，並不是所有的情報都有價值，往往夾雜許多擾亂分析的虛假資訊。

因此分析人員必須從氾濫的資訊漩渦中，選出真正需要的情報。

這在情報界用語被稱為「過篩」、「從雜訊中找出訊號」。

前ＣＩＡ副部長菲利普・馬德在其著作《ＣＩＡ絕密分析手冊「ＨＥＡＤ」》中說：「ＣＩＡ從『紙的時代急速發展到數位時代』，在一九九〇年代的波灣戰爭中，我身邊便已充滿大量的『秘密情報山』。」

這樣的情況下，馬德很難從龐大的秘密情報中，找出在波灣戰爭中進行戰略判斷所需的情報。

馬德為「如何擺脫資訊的泥沼？」、「哪些重要，哪些應該捨棄？」而苦惱。

從這一經歷中誕生的，便是對普通人和商務人士也十分有用的分析術「ＨＥＡＤ」。

所謂「ＨＥＡＤ」是「High 高度」、「Efficiency 效率」、「Analytic 分析」「Decision-making 決策」的首字母組合而成的詞語。

「ＨＥＡＤ」思考法採取以下步驟：

1.「HEAD」思考法從設定「問題」開始

2. 其次，明確「問題」的框架

3. 最後，「在框架中，只收集解開問題所需的情報」

換句話說，「問題」相當於國家情報機關的「情報要求」，而「問題」的設定也決定了普通人和商務人士的情報收集方向。

這裡試著以買房子為例，介紹一下「問題」的設定。

在買房之前，即使去逛展示屋或詢問房地產商，也得不到能做出判斷的情報。

所以我們先按照原本的生活方式，尋找有沒有上班通勤時間在一小時以內的房子，提出這樣的「問題」。

其次，依據居住地、價格、貸款、房間格局、周邊環境、治安死角、公共設施等想知道的事情設定「框架」。

像這樣「縮小收集的情報範圍」，與決策相結合。

一旦使用這種思考方法，就不會去找不必要的情報，可以進行有效的分析和決策。

情報收集的順序是「提問」→「框架」→「資訊收集」

雅各如何從德軍的公開情報中，掌握正確的情報

活躍在國外的諜報員會事先在國內學習赴任國的事情，然後收集當地各式各樣的公開情報。

在赴任地一定程度上融入當地生活之後，才開始接近所需情報的人物（目標），這一段漫長的過程，都是為了避免突然接近目標而被警戒。

在情報收集中，第一**「明確目標」**，第二**「進行事前準備」**，第三**「從可用的人身上著手」**這三點十分重要，不可能一步登天。

普通的商務人士在收集情報時也一樣。

商業人士想要了解競爭對手的情報時，不能突然和代理接觸，也不能僱傭偵探來強行獲取資訊。

首先，從公司的官方網站上，看有價證券報告書、ＩＲ等公開的資訊是基本功課。

但是，那個情報只是數據，還不是有價值的資訊，要明白這只是原始資料，如果直接使用的話沒有多大用處。

在現代，公開情報很充實，所有人都可以安全地利用，但是公開情報與其他情報源不同，是人為主動輸入的，所以可疑的資訊很多，有可能沒有辦法找到自己真正需要的情報，也就是說，會不自覺犯下搞不清楚目的，陷入盲目收集資訊的「盲區」。

情報有使用目的，重要的是了解自己的目的，用於什麼樣的決策，也就是說，要確立情報「最後該如何使用」的規劃。

另外，為了從情報中獲得有價值的知識，需要與不同的情報對照，消除情報的疑問點和違和處很重要。

通過與其他情報相結合，可以確認情報的正確性，也可以得到確認有沒有遺漏的資訊。

特別是在良莠不齊的公開情報中，由於內容混入了他人的分析、推測、解釋、意見，更需要仔細篩選。

例如新聞報導有時會將推測當作事實，有時也會寫一些帶有目的的誘導性內容，商務人士尤其需要小心。

面對公開情報，只要經過分析和訓練，就能學會辨別價值的技能。

為了說明更加具體，讓我來分享一個故事，那是發生在第二次世界大戰前一九三五年左右的事情。

希特勒曾在召見德國情報機關的高層尼古拉上校時，進行了嚴厲的斥責。理由是當時被驅逐出納粹，流亡倫敦的德國醫生雅各，其所寫的德軍小說中，曝光了德國軍隊的機密。

希特勒懷疑德軍中出現了叛徒，才會洩漏消息給雅各，因此命令尼古拉負責調查。

特務組織把雅各誘騙到瑞士，試圖在那裡綁架他。

尼古拉上校指派屬下，在瑞士開了一家出版社，情報機關偽裝的出版社給雅各寫了一封信，信中寫道：「因為想出版老師的作品，所以邀請賢伉儷一起到瑞士旅行。」

來到瑞士的雅各，在商談時接受餐廳招待，毫無防備地吃下安眠藥，被以火車帶到了德國。

當雅各被德國調查委員會審問時，他否認間諜嫌疑並說：「所有的情報都是從德國報紙上得到的。」

真相是他透過調查德國軍人的婚禮和葬禮出席者，從這裡整理了德軍的指揮官名單和組織結構。

就如同網上有許多隱藏的秘寶在沉睡，透過鍛鍊分析術，與其他情報相結合，就能從公開情報中挖掘出鑽石般的資訊。

雖然是老調重彈，但切忌不要被陷入「資訊氾濫」的盲區之中。

結合不同情報來源，獲得更高精度的資訊

提高觀察的素質以利任務分析

在諜報員進行的情報收集活動中，伴隨公開情報的收集、分析而來的是「觀察」。

所謂觀察，無須想得太複雜，就像是市場調查那樣的事情，只要做到這種程度，就可以找到重要的資訊。

如前所述，諜報員會收到情報機關的分析部門的指示「應該收集什麼」，再由分析部門將資訊整理好提供給決策者，以此決定應該進行什麼樣的政策和判斷。

即使是進行情報收集的商務人士，如果沒有弄清楚目的和任務，也無法從觀察中得到任何收穫。

現實中有很多人並不知道「自己為何做、必須做什麼」。

我建議可以透過任務分析來明確目的和任務，這也是軍隊裡常見的做法。

簡單來說，就是**在進行被賦予的任務之前，要思考自己在組織內的地位**

（立場、位置），認識自己在組織中承擔何種角色。

接著揣摩上司的意圖，將自己的目的和任務設定為達到上司的要求。

上司的意圖是你行動（透過觀察得知）的指標，任務是取得該行動的具體成果。

被稱為日軍名將的飯村穰陸軍中將曾說過：不必想得太複雜。

「我是誰？我在哪裡？是誰、是什麼，讓我變成這樣（我要做什麼）？」只要掌握這幾個問題即可。

而這些問題，答案就在你心中。

這是滿多人聽過的故事，由於接近我想表達的理念，所以來聊聊「運動鞋的市場」吧。

調查人員調查了某個地區的運動鞋銷售狀況，結果發現那個地區的人們都是赤腳生活的。

同樣看到這份報告，A調查員判斷「運動鞋暢銷」，B調查員則認為「賣不出去」，誰才是正確的呢？

其實兩者都不是錯的，在想要迅速取得業績的情況下，「現狀是那個地區的人們習慣光著腳生活，所以賣不出去」是正確的。

但如果以長期宣傳、改變使用習慣的戰略為前提，因為都是沒有運動鞋的人，所以「市場很有潛力，能夠熱銷」才是正確的。

也就是說，根據戰略和目的的不同，判斷也會完全不同。

商業人士應該掌握目的、戰略、戰術和願景，明確「為了什麼」、「為了誰」，再針對目標收集情報。

時時自問「我在哪裡？」、「我是誰？」、「我要做什麼？」

D機關的口試「樓梯有幾段？」

接著來聊聊陸軍中野學校的教育吧，柳廣司的《鬼牌遊戲[12]》十分知名，

12 臺灣譯名為《D機關》，二〇一五年上映。

是以中野學校為主題的小說和電影作品。

這部電影以日美開戰前的世界為舞臺，出現了名為「D機關」的間諜培養學校，D機關被認為是「舊日本軍秘密設立的間諜培養組織，陸軍中野學校為原型」的組織。

因為是重視娛樂的虛構作品，所以與實際存在的中野學校有不符合事實的地方。

不過確實也有許多「雖不中亦不遠矣」的部分。

中野學校的教育明確了秘密戰的目的和目標，所有的教育都與此相連，這件事從選拔考試的時候就已經開始。在《鬼牌遊戲》中，有一幕有趣的場景，那就是主人公被問到「現在的樓梯有幾段？」的部分。

讀到這裡時，我想起了名偵探夏洛克．福爾摩斯。

福爾摩斯有時會問朋友華生同樣的問題，如果華生回答不上來，他就會說：「你只是看，並沒有在觀察。」

所以，**如果不意識到目的，即使觀察也不能正確捕捉周圍的事物、現象。**

反之，有目的意識的話，看到的風景也會不同。《鬼牌遊戲》中出現的結城中校的原型，是中野學校創立時的前身「後勤要員培養所」的所長秋草俊中校。

秋草把「萬物皆我師」奉為教育圭臬，認為所有的事物都值得學習。

秋草有一天帶著幾名學生去百貨公司。

他特意用一天的時間，把每一層樓的新商品和設備的歷史、生產、好壞的區分方法、使用方法等全部進行了說明。

秋草要慳住的學生們將這些內容與秘密戰的性質做連結，回去後提交報告，這個故事後來在學校裡被稱為「秋草傳說」。

偶然認識的人物，路上經過的橋梁和工廠，百貨商店的賣場，報紙上刊登的國際形勢，這些都有可能作為秘密戰「活的題材」，用秘密戰的視角看世界，可以發現很多平常忽略的事情。

意識到目的的話，就能提高觀察的素質

運用中野學校傳授的「費米推論法」，將小情報擴大思考

不要忽視那些乍看之下很無聊的小資訊，之所以會覺得那個資訊很微不足道，是因為沒有能夠看清情報價值的知識和實力。

諜報員擁有在被隨意丟棄的情報中，發現價值的技術。

將別人扔出去的垃圾收集起來，從收集到的垃圾中找出情報的方法，被稱為「垃圾學（Garbology）」。

諜報員從別人的電腦畫面、房間的白板、掛在牆上的行事曆等，各式各樣的碎片中收集情報。

俄羅斯的做法是「一個諜報員搬運一桶沙子」，而中國的情報活動則是「一個諜報員搬運一粒沙子，用人海戰術把沙子裝滿」。

這在過去被稱為讓對方放下戒心的集體忍者戰法。

從我國諜報員的前輩忍者們身上也能學到東西，忍者的教科書《正忍記[13]》中有以下的故事。

老師向弟子們提出了從瓷器店裡偷來價值一兩的東西的課題，當弟子們想偷出一兩價值的東西時，差點被抓住。

回去後，老師從腰包裡拿出幾樣細小的東西，說：「這些全部加起來剛好一兩，你們就是因為瞄準大的東西，所以才會失敗。動動腦子吧，笨蛋們。」

陸軍中野學校有一門叫做「候察」的課程，所謂候察法簡單來說，例如「看工廠來判斷工廠裡有多少生產力」「看港灣推測出卸載量」「看船隻判斷噸位」等，是關於觀察力的教育。

中野學校的教官曾說過：

「觀察工廠時，看到工廠的大小，就能大概知道那個建築物的面積，知道建築物的面積後，就能推論機床的數量，知道了機床的數量，就能判斷生產能力。」

13 《正忍記》是紀伊國的中世紀忍者文件。該書由名取正澄（Natori Masatake）在一六八一年撰寫，描述了紀州忍者的間諜策略。

學校裡有許多類似的公式與收集情報的方法。

比如讓學生穿著便服，步測東京下町工廠的周邊，推算工廠的面積，再利用工廠的面積配合教官製作的公式，來計算生產能力。

這可以說是《費米推論法[14]》的翻版，「用公式分解構成問題的要素」。義大利裔美國物理學家、諾貝爾獎得主恩里科．費米，有一則關於在核子彈開發時，發揮關鍵作用的趣聞。

他將「芝加哥有多少鋼琴調音師？」的提問，分解為「在芝加哥一年有多少調音師的工作？」以及「一個調音師一年能調幾臺鋼琴？」，推論出芝加哥的人口↓總戶數↓鋼琴的臺數↓一年間調律的次數。

情報不僅僅是表面上看見的模樣，從一個現象中可以思考其背後的內涵，得到創造性的判斷結果。

根據分解的小資訊得出進階的推論

刺探秘密情報的兩種訪談法

一般來說，商務人士收集的情報通常是文獻及傳聞，文獻是公開情報，包含報紙、雜誌、書籍、白皮書以及網路。

傳聞則分為自己探聽和委託調查公司、偵探等協力廠商，商務人士都會培養自己的管道。

自己進行探聽的時候，基本是先從前面提到的「觀察」開始，從外面觀察設施和人的行動時，就會產生情報。

去量販店時，在不同時間段進行觀察，通過觀察顧客數量、顧客群體、商品的銷路、顧客的流動、出入行業等，收集各式各樣的情報。

並且不只要從外側觀察，實際進入現場也能提升調查的情報量，例如為了寫揭露黑心企業的報導，經常採用偽裝成打工人員潛入的方法。

14 Fermi Estimation Technique，不依靠收集大量數據，而是藉由邏輯分析、合理假設及加減乘除的基本算數進行快速推算。

但是**僅靠觀察只能看到一部分，無法獲取隱藏在幕後的內部核心資訊**。

這種情況下，不如直接問知情者比較好，也就是訪談。

訪談分為**直接法和間接法**，雖然直接法是最快速的方法，但對方往往會保持警惕，不洩漏口風。

向量販店的店長和員工詢問「什麼樣的商品賣得好？」就是直接法的一種。但是，如果你是競爭公司的員工，對方的店長和員工大概不會回答這個問題吧。對同行使用直接法，可能一點效果都沒有。

我們可以改向周圍的居民和客人提出同樣的問題，**收集小資訊，整理成有用的情報**，這就是間接法。

如果你想得到關鍵情報，就需要把你自己當成諜報員，接近掌握核心資訊的人進行訪談，訪談是既不犯法，又有效的手段。

從擁有核心資訊的人周遭獲取情報

資訊和河豚的處理方法是一樣的嗎?!

收集的情報如果是有害的資訊，就像吃生的食材會拉肚子一樣，有時甚至會因此失去生命。

釣到河豚時不能直接吃進肚子裡，應該先去除不需要的部分，例如有毒的肝臟等。

河豚刺身、炸雞、鰭酒等，根據吃的部位用不同的調理方式吧，如果是現在還沒打算吃的部位，就先放進冰箱裡。

情報和料理的食材一樣，收集到的情報必須經過處理，處理方法大致可分為**「篩選」**、**「分類」**、**「評估」及「保管」**。

【篩選】去除河豚的肝

所謂「篩選」，就是在情報中抽出需要的部分。

【分類】將河豚分為部位

「分類」是指將篩選出的資料進行分類，以利分析、整理。情報可以分類為能立即使用的資訊、相關資訊、正確資訊、無法確定真偽的資訊等。

另外，也有按類別（性質）對資訊進行分類的方法，用5W1H的提問法，區分明確與尚未明朗的部分。

總之，就像整理書架一樣，為了以後能隨時進行參考，必須好好整理。

【評估】判斷能不能吃

「評估」是指研究情報的好壞。

情報的評估根據情報來源，可分為有效性和真實性（準確性），以此為基準進行評估，這同時是一件評級工作。

在有效性方面，有「A有效」、「B還算有效」、「C稍微有效」、「D不一定有效」、「E無效」、「F無法判定有效性」等等級。

真實性則有「1可以確認為真實」、「2大概是真實」、「3可能是真實」、「4真實性存疑」、「5不真實」、「6無法判定是否真實」等等級。有效性為A～C、真實性為3以上的情報才能使用，但並不是每一次我們都能準確評估。

不是每次都需要這麼嚴格，但是商務人士應該有意識地評估「○○的情報有○%的真實性」，用**紅色（無法信賴）、黃色（使用注意）、藍色（有效性高）**等顏色粗略地分級。

【保管】取下不在本次料理中使用的部位

「保管」是指將分類後的情報，按照一定的流程進行保存。

在保存的時候，要明確區分親眼目睹的資訊和推測的資訊，簡潔地補充記錄，但也不要寫太多不必要的內容。

保管的資訊不會立即使用，為了以後著想，一定要確認是不是事實。

也要注意時效性，確認是永久保存的資訊，還是過一段時間後就會失效的資訊很重要。

諜報員善於處理情報，會透過篩選來剔除錯誤以及已知的部分。當你得到情報時，**最少要能做到找出「無用的情報」並分辨「能派上用場的情報及不必要的情報」**。

●有分辨毒蘑菇的訣竅嗎？

很多人想知道有沒有辨別毒蘑菇的方法，或許你聽說過「毒蘑菇看起來很鮮豔」、「蟲子和動物敢吃的種類很安全」、「可以縱向切開避免毒孢子」等說法吧，但其實這些全都沒有科學根據。

結論是，沒有辨別毒蘑菇的訣竅，如果不想中毒，只能記住所有的蘑菇，或者購買商店裡販賣的蘑菇。

網路上的資訊就像是山中的蘑菇，雖然是一座寶庫，但是沒有知識就隨意亂吃相當危險。

所以，基本原則就是來源必須公開透明，但即使是公開的情報，常常也有人有意地操作資訊和誘導。

社群網路上也有很多來歷不明的情報，但是社群網路在觀察社會大眾的動向和傾向上，可以看到很多重要的資訊，如果忽視這些資訊，就無法做出準確的狀況判斷。

在二〇一六年的美國總統選舉中，專家認為「候選人希拉蕊・柯林頓占優勢，一定能夠當選」，但最終卻是川普獲勝了。這被認為是因為太過依賴大型媒體的民意調查，忽視了網路上的聲音所導致。

地位和專業性越高，就越容易忽視社群網路之類的小道消息，千萬要記得「不要輕視網路情報」。

諜報員會將情報進行「篩選」、「分類」、「評估」、「保管」

連希特勒都能騙過，虛假情報的特徵是？

諜報員當然擅長判斷情報的真偽。

因為諜報員有時會主動散布虛假資訊、擾亂對方的思考和決策，如果自己還會被假情報騙到的話就很遜了。

假情報不能被識破，所以會竭盡全力偽裝成真情報，但在約翰·C·馬斯特曼的《雙重間諜化作戰》中提到，掌握以下三點，就很難被虛假資訊所迷惑。

1. 假情報之間會盡量避免存在太大的矛盾
2. 與心中的期望過於吻合
3. 與可靠的情報來源，如空中偵察、新聞報導、俘虜口供等不能產生矛盾

在評估（檢視）情報時，應該找出**「與其他情報相差甚遠」**、**「前後邏**

輯錯誤」等可疑之處。

讓我來介紹一下歷史上最大的詐欺戰術。

前英國首相邱吉爾相當擅長謀略，他的詐欺作戰中最有名的就是「肉餡行動（Operation Mincemeat）」。

這個作戰發生於第二次世界大戰中的一九四三年，英軍想隱藏聯軍登陸西西里島的意圖，轉移德軍的注意力。

於是他準備了一具身分不明的屍體，偽裝成英軍軍官，製造假的意外事故。表面上看起來是英軍軍官在攜帶重要機密檔案（作戰計畫）的運送途中，遭遇了航空事故。

當然，這個作戰計畫完全是假的，英軍的目的不是登陸西西里島，而是巴爾幹半島。

英國將這具屍體丟棄在西班牙的韋爾瓦海域，讓德軍在偶然下打撈起來，德國軍隊被吸引到錯誤的地方，完全對聯軍的動向判斷錯誤。

另一場更大規模的詐欺作戰是「雙十字作戰」，這個作戰造就了後來諾曼第登陸的成功。

一九四二年八月，以友軍加拿大第二師團為中心的六千多名盟軍部隊，在諾曼第海岸（樸茨茅斯對岸）的迪耶普[15]附近登陸（朱比利作戰），在這場作戰中，盟軍損失慘重。

盟軍的失敗是理所當然的結果，因為希特勒事先通過潛伏英國的諜報員，得到了盟軍打算在迪耶普登陸的消息，做好準備以逸代勞。

但是邱吉爾更勝一籌，他收服了希特勒派來的諜報員，成為英國方所屬的雙重間諜。

為了不讓希特勒懷疑對諜報員產生疑心，邱吉爾提供雙重間諜一定程度的準確情報，讓他們可以給希特勒一個交代。

希特勒在朱比利作戰中預測了盟軍的登陸地點，這使他十分相信在英國展開的諜報網的有效性。

在兩年後的登陸作戰中，製造目標不是諾曼第海岸，而是加萊海岸（多佛海峽對岸）的假象，雙重間諜向德軍高層回報「真正的目的是加萊」的虛假情報，再配合加萊對岸的盟軍部隊發動的佯攻，成功騙過德軍。

此後，德軍確信盟軍將在加萊發動攻擊，而疏忽了諾曼第方面的防備，最終盟軍成功登陸諾曼第。

邱吉爾在他的回憶錄中如此描述：「朱比利作戰雖然損失慘重，但其成果無可取代。」

虛假情報的特徵是「過於偏離事實」和「過於吻合期望」

假新聞的雙層結構

即使設定好「問題」，集中焦點進行情報收集，如果被錯誤的情報或虛假資訊所誤導，也會無法正確地判斷狀況。

情報必須禁得起「是真的還是假的」的靈魂拷問。

15 法國北部城市，諾曼第大區濱海塞納省的一個市鎮。

網路上的論壇和社群網站上，充斥來歷不明的虛假資訊，雖然前面曾說過，社群網站上包含了很多觀察社會大眾動向和傾向等，不容忽視的重要資訊，但在媒體散布假新聞的現代社會，形成了嚴重的社會問題。

所謂假新聞是指「為了擾亂社會、獲取利益等而散布的虛假情報」。

虛假資訊和錯誤報導並不是現代才出現的，但是隨著網路的普及，這些「假新聞」，就成為了社會問題，與此同時，驗證新聞準確性的「事實檢證」概念，也逐漸成形。

假新聞有兩種區分方式。

第一種是區分**「真實資訊、錯誤資訊」或「有無危害特定對象意圖的資訊」**。

第二種是更進一步地做分類：

1.「錯誤情報」（misinformation，錯誤資訊＋無意造成危害）

2.「虛假情報」（disinformation，錯誤的資訊＋有意施加危害）

3.「有害情報」（malinformation，真實資訊＋有意施加危害）

假新聞的構造

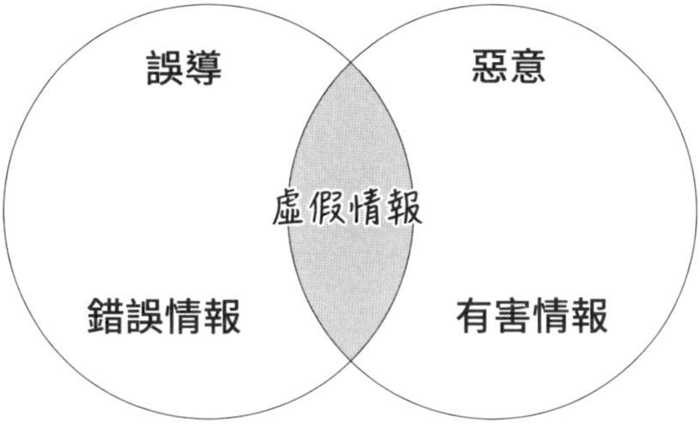

一旦錯信假情報，就會讓努力前功盡棄！

「錯誤情報」在很多情況下，是因為處理情報的人能力不足，無知導致產生錯誤點。

因此，如果是重要情報，則請教該方面的專家進行確認，或與現有的情報進行比對，才能找出錯誤。

「虛假情報」偽裝成「煞有其事」時，很難輕易識破，對此將在後面敘述。

「有害（不良）情報」則情報本身是真實的，但隱藏著引導接收者思考方向的意圖，是政府和媒體最愛用的操作手法。

在政府的發表和媒體報導中，經常會隱藏不利自己的資訊，只發送有利的資訊，從日常生活就開始誤導民眾。不只媒體的報導，學者們的歷史記載，根據作者想傳達的事情，記錄片面的資訊，想讓世界被自己的思想影響，並刪掉不想流傳後世的部分也是如此。

所以會發生「每個情報都是正確的，但整體上卻是錯誤的」這種事情。為了不被有害情報所迷惑，即使是有良好評價及來歷的情報源，也不能盲目地相信其主張，必須要開闊視野，從不同角度觀察事實及其背後的意義。

要留意情報的「主張」及「評價」！

總之，「對所有情報來源抱持批判的眼光」是最好的做法！

雖然沒有識破假情報的特效藥，但以我情報分析官的經驗來看，可以注意以下事項：在任何人都可以發布資訊的現代，所有的資訊都應該懷疑，並認為公開情報都是懷着某種意圖發送的，試著推測其背後的意圖。

批判情報的方法，有外部批判和內部批判兩種。

外部批判是指判斷情報的「真假」，在情報來源的真實性成立的時候，查明該情報是獨立，還是從其他情報衍生出來的。

重要的是懷疑情報源是否真的「站在熟悉該情報的立場上？」及「是否有正確解讀該情報的能力？」。

在情報的批判中，需要以下的視角：

- **未記載情報來源的，不用於狀況判斷**

但是仍可以針對情報進行內部批判（後述）。

- **不隨意信賴情報來源**

驗證名人和自稱專家的人的資訊、參考過去的出版品等，確認專家本身的能力，並留意思想背景、交友關係，找出是否有引導思想的意圖。

- **採訪、手記之類的，要養成解讀「排版」、「腳色」、「引導意圖」的習慣**

自傳裡有很多自我美化的內容，就算是稱為紀實文學的採訪報導，也只是虛有其表，常常只是為了強調自己的客觀性才這樣宣稱。

● 確定情報來源的建立時期

情報建立的時間點和獲取的時間點不同。

即使認為是新情報，也可能會被舊的情報推翻，如果是情報的文件檔案，要注意其使用的文體和用語，是否符合現代用法。

如果能確定年代，可以與同時間發生的事情進行比較，來發現矛盾點，如果發現其忽略了重要的資訊，就可以合理懷疑其真實性。

如果多個獨立情報內容一致，通常可以判斷情報為真，但實際上，也有可能這些情報都是來自同一個來源，所以必須小心。

如果能同時透過訪談、公開資訊等不同領域，來建立情報來源會有效改善狀況，但一般的商務人士很難得到這麼好的條件。

為了不盲目地相信「大家都這樣說」、「這份資料有寫」、「這個情報很可信！」，要保持一顆批判的心。

用四個要點識破假情報

感情和數字是迷惑你的主要原因

所謂內部批判，是指不從情報來源，而根據情報的內容來判斷「該情報是否有價值」。

雖然原則上不能相信沒有情報來源的情報，但許多官方資訊會以「匿名」的形式傳播，如果該情報包含重要的內容，與其他情報進行比對也沒有問題，情報本身的「真偽」就可以忽略。這也是內部批判比外部批判更難，但可以得到更高的收穫的原因。

根據一般的知識和經驗來看，「有效性」、「一致性」和「詳細程度」以及與相關情報的「關聯性」，可以很容易確定情報的真偽。

具體來說，如果注意到「總覺得奇怪」、「真的有那樣的事情嗎」、「內容前後矛盾」、「難以相信這是知情者的言論」等狀況，就需要與相關的情報和知識對照，尋找衝突點，或聽取相關專家的意見。

我注意到，在資訊的內部批判中，如下所示。

● 不要被情緒影響判斷情報的能力

如果產生有趣、滿足、剝奪感、急迫、恐懼、危險、悲傷等情緒，那就需要重新檢查情報源和傳達者的意圖，以及是否有誘導性的內容。

也就是說，以「情報源可以透過內容獲得哪些利益？金錢、名譽或是聲量？」、「如果我被說服，對方能得到什麼好處？」的觀點，來檢視情報。

● 對數據保持懷疑

藉由統計和數值化掌握整體狀況，並與其他情報進行比對，是非常重要的手段。但實際上統計數據是可以造假的，特別要小心是接近真實數據，只有小地方動手腳的情報。比較簡單的做法是，站在情報製作方（情報來源）的立場上，用不一樣的視角來看待情報。

不要輕忽「可疑」的情報

03

掌握人心的動腦方式

找到合作者，建立信賴關係，操縱人心的「諜報之型」

無論是諜報員的世界，還是商業的世界，
要取得成果，都需要合作者。
諜報員最可怕的地方就在於，
掌握操控人心的技術。
找到合作者，建立信賴關係，
得到想要的情報。
為了自己而行動。
如果你能學會諜報員的人心掌握術，
在商場上肯定無往不利。

諜報員都十分善於交流，無一例外

Ｊ．Ｃ．卡爾森曾寫有《ＣＩＡ諜報員可以應用於商業的技巧》一書。這本書向商業人士介紹了ＣＩＡ的諜報技術，也是一本傳授合法商業技能的商務書籍。

獲取情報，是諜報活動的主要目的之一。本書中寫道：

「最重要的是和人對話後，得到的第一手資訊。」

強調了**「與人接觸來得到情報」**的重要性。

無論偵察衛星和監聽通訊等情報收集科技多麼發達，也比不上從了解內幕的人身上得到的情報。

雖然諜報員有時會進行不合法的諜報活動，但也有很多是一般商業人士可以合法應用的技巧，對於從事合法商業活動的人來說，了解諜報活動的內容也是很有幫助的。

諜報活動中使用的技巧，也能在商業界產生以下好處。

- **找出顧客真正想要的東西**
- **自我提升**
- **在發生重大失誤之前，察覺供應鏈中存在的問題**
- **防止產業間諜竊取公司重要資訊**
- **在艱困的情況下提高士氣**
- **看清能信任的人、做不到的人**
- **找到能幫助自己成功的人**
- **應對危機處理**

諜報員在諜報活動中使用的技巧，除了保護資訊和應對危機，還有助於建立與人之間的交流。

諜報活動很少單獨進行，幾乎都是團隊的形式，因此在諜報活動中，與接收情報的對象建立信賴關係也很重要。

諜報員需要協調人際關係，除了本身的能力以外，還必須掌握說話技巧等交流技能。

本章將以諜報員的交流術為焦點，介紹對商務人士也能夠學會的技巧。

從別人身上得到的情報才是最優質的

取得信賴是第一考量

所謂交流（communication），是指「通信」，或者是指使用語言傳達意思的「溝通」。

本章重點在於「溝通」，但人與人的交流並不是只有語言才能成立。除了手勢動作之外，眼神示意、默契等隱晦的手段也是重要的交流方式。

擅長表現自我的人即使不說話，交流能力也很出色，因為交流是由雙向的信賴關係構成的。

保持微笑，周圍的同事、朋友、顧客自然聚集在一起，不知不覺就被信賴了，這樣的人才是溝通的高手。

要想成為一名溝通達人，首先要得到別人的信任，這是絕對的條件。

為了獲得信任，不要自以為是，最重要的是帶給他人利益，誠實守約守時，有作為人的常識，最好還能有一技之長。

也就是說，成為對方交往有利益的人是很重要的。

許多人誤認諜報員是「擅長說謊的騙子」，但其實**諜報員很少說謊，並遵守諾言，有紀律，也十分守時**。

唯一會說謊，是潛入外國和敵對組織等需要諜報經歷的時候，畢竟這樣才能從敵人手中活命。

對同伴和合作者不說謊、不背叛是鐵則。

或許聽起來像在炫耀，但諜報員對組織和國家最忠誠，無私無我，他們的行動中充滿了名為大義的愛。

舊帝國陸軍傳說中的諜報員土肥原賢二，是歐美稱為滿蒙的勞倫斯，中國稱為土匪原的謀略天才。

其典故是在中東地區的諜報活動中取得巨大成果的勞倫斯（托馬斯・愛德華）和中國武裝成集團進行掠奪、暴行的賊（土匪）。

實際上他的**性格溫厚，不拘泥於小事，是一個沒有私利私欲的好人**。

一九三一年滿洲事變後，他成為奉天（瀋陽）市的臨時市長，以個人名義借入了運營資金，為了償還這筆借款，包括本人在內的家人，過著清貧簡約的生活。

土肥原軍規從嚴，把「誠心誠意面對中國群眾」、「不要從中國群眾身上徵稅，不燒部落，不侵犯婦女」貫徹到底。

此外，他還說：

「謀略不是技巧，一切都應該以『誠心』去做。不要耍小伎倆、欺壓對方，而是以徹頭徹尾的『誠』與對方交心，人與人之間是可以心意相通的。」

像這樣，因為是遵守約定，嚴以律己的人，贏得信賴，成為優秀的諜報員。

商務人士如果想得到信賴，就要誠懇地與人接觸，這是大原則。

諜報員不會說謊

從「權宜之計的謊言」中保護自己

當然有些場合下還是必須說謊。

因為諜報員偽造身分，偽裝成別的人，所以可以說整個人生都是謊言。

在以色列摩薩德的傳說中的間諜沃爾夫岡．洛茨所著《間諜手冊》中，他說：**「相信大騙子是最好的諜報員是錯誤的想法。」**但他同時也說：**「諜報員必須是說謊的高手。」**

他潛入埃及時被政府逮捕、拘禁，但以「在大謊言中混入小真相」的方式，成功脫逃，度過難關。

小謊言中藏著真相，而大謊言能拯救危機。

洛茨曾說，汽車推銷員、保險外交人員、記者等職業，必須撒點小謊才能維持生活。

他也說過：「不管我們喜歡還是不喜歡，現代社會如果沒有謊言，一天也維持不下去。」

生活在競爭社會中的大多數商業人士都不能逃避為了賣東西，和引起顧客的關注而誇大廣告等小小的謊言。

在《間諜思考的推薦》（Jack Bass）一書中，作者表示：「在某種程度上，謊言也是權宜之計。」並闡述了間諜技巧中含有多少「欺騙」他人的技術。

如果對這個說法感到牴觸的話，可以想成「篩選、限制公開的情報」，等習慣之後，就能內心踏實地訓練，慢慢地學習。

商業人士要以誠信為本，不能說謊或進行腹黑的謀略，但是，如果不明白「謊言也是權宜之計」的話，在競爭社會中是無法生存的

前CIA女諜報員J．C．卡爾森說：「要看清該說謊和不能說謊的時候。」

在組織中不被允許的謊言是使自己不正當地占優勢，會損及他人的利益。

當你想騙人時，「讓小真實混入大謊言中」，人們就會相信你。

「雖然說了可以接受的事實，但總覺得無法接受」，如果知道這個原理，

就能保護自己不受他人欺騙。

能騙過他人的巨大謊言，往往參雜著小小的真實

選別、獲得合作者，獲取情報的技巧「SADR」

諜報員比起單獨獲取機密情報，更多的是找到合作者，通過他們來完成任務。

獲得合作者並加以運用的要點：

- 瞄準誰成為合作者
- 評估是否適合合作者
- 建立與目標的人際關係
- 鎖定目標

然後，**「付諸行動」**。

這是取①制定目標（Spotting）、②評估（Assessing）、③構築人際

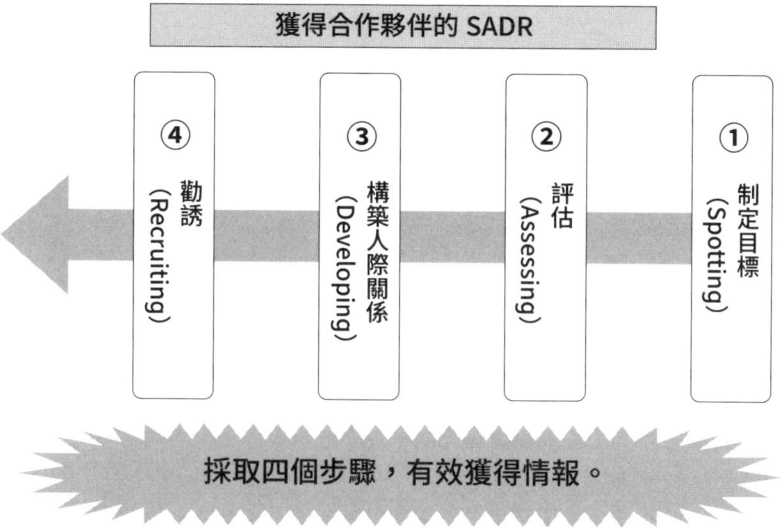

關係（Developing）、④勸誘（Recruiting）這四個階段的首字母，簡稱為SADR的諜報員技巧。

具體做法是？

首先要做的是決定誰是合作者，將其列為候補。

這有兩個需要考慮的條件：那就是**需求性和可能性**。

需求性就是對方是否有自己需要的情報。

在業界用語中，處於了解機密等的適當立場，或者將人物稱為「印象深刻（impress）」。

也就是說，尋找重要的人物接近。

對於自己和組織來說，「是否擁有有用的重要情報」，這是第一個標準。

例如，如果你想知道「競爭公司是否開發新商品？」或者「正在出售什麼樣的新商品？」，最好接近競爭公司的高層，因為重要的企業秘密往往只有高層知道。

但是，在很多情況下，無法輕易接近對方企業的高層。

在這種情況下，該怎麼辦才好呢？

因此，有必要考慮第二個標準「可能性」，即「你能接近嗎？」。

如果是諜報員的話，會試圖接近在企業高層周圍知道同樣情報的人物。

因為即使是普通員工，也有從事新商品的研究開發和文宣廣告的人，也可能知道相關情報，在這種情況下，選定目標並接近，讓自己找到不同的切入點。

接近對方說「我能提供好處換取情報」，這叫做「拉近距離（walk

in）」。

大多數的情況會利用金錢，但也有碰到刺探自己公司內情的雙重間諜的可能性，所以必須小心。

人生和商業的原則是堂堂正正，還是要保持一定的底線，絕對不能做觸犯法律的事情。

但是，總有無論如何都要得到情報的時候吧。

日本傳統文化的「正直」，在商業全球化中容易成為弱點。

所以，商業人士也應該從保護自己的角度學會如何找到合作者。

如同前面所說，**首先設定「問題」，來明確自己需要什麼情報**。

接著**考慮能回答那個問題的人是誰**。

此時，與能直接回答問題的主要目標相比，**與次要目標接觸更安全，更現實**。

如果是商務人士的話，目的是了解競爭公司的情報、新政策、開發的新技術。

出席展覽會、研討會、行業團體的聚會時，都是進行對話的好機會。

除了相關的知識之外，利用社會形勢、興趣、嗜好、體育等各式各樣領域的豐富話題，逐漸接近核心情報。

但是因為要讓對話顯得自然，所以沒有必要特意炫耀自己的知識。

讓自己涉獵廣泛的興趣，可以讓溝通更加順利。

為了不被懷疑而接近是很重要的

那麼，有沒有讓人放下戒心的方法呢？

接近對象有直接法和間接法。

直接法可以快速問出目標情報，但失敗的危險性也很高，如果是諜報員的話，基本上都是使用間接法。

間接法的鐵則是盡可能從迂迴的角度進攻。

如果想得到情報的對象是公司職員的話，可以從對方的興趣、親友等對對方來說不容易引起戒心的地方下手。

這種巧妙的接近方法，日本的偵探們十分駕輕就熟，關於偵探有這樣的說法：

先調查對象過去的居住地，和高中時代的朋友等對象，偵探的原則是從原處開始下手。

然後，漸漸地向了解內情的人靠近，製造「和調查對象的老朋友有過一段緣分」這樣的故事來做切入點。

本來想問目標的事情，但**從目標周邊下手的做法被稱為「模糊調查」**。

但是，即使是這樣的安全調查，也可能會觸犯跟蹤和偷窺行為等非法行為，或者被地區居民通報，所以要小心使用。

為了接近對象，必須要知道對方住在哪裡，但即使只是在附近徘徊，也會被人以懷疑的眼光報警。

因此為了不引起懷疑，需要與之相稱的故事，例如電視臺、報社的記者，或者是不動產業者在附近徘徊也不會不自然。

當然，做電視臺職員和房產仲介，需要相應的知識，也需要看起來像樣的麥克風、臂章、筆記本等小道具。

偽裝實際的團體，警察和公務員是犯罪，所以絕對不能這樣做，要注意的是，即使組建虛構的團體，如果做出太過分的事情的話，也會成為犯罪。

像諜報員和偵探做的這些事，外行人不容易做到，也很少商務人士能成為偵探。

但是，**盡量從遠離目標的人進攻是可以參考的**。

更重要的是，從自我保護的角度了解世界上存在著這樣收集情報的手法這一事實。

如果商務人士想接近對方的話，尊重對方，待人以誠是基本原則。

通過公開情報調查對方，掌握對方對什麼樣的事情感興趣，考慮對方的心情以及想認識什麼樣的人。

如果能理解對方，貼近對方的興趣和家人，就能透過這些話題，獲得良好的交流機會來打聽情報。

多數人會想認識怎麼樣的人？

那就是有自己不知道資訊的人、有人脈的人、有趣的人、能信賴的人、溫暖的人、感情豐富的人、善於傾聽的人，類型有很多，重點是如何讓對方感受到。

諜報員會配合對方的感受，因此對目標進行了仔細的事前研究，掌握了弱點和優勢，透過讚美與傾聽來接近對方。

「從遠處進攻」是基本原則

諜報員使用的沙漏會話術

在和目標的對話中直接詢問想問的問題，會讓對方警戒「你問得太深入了」。

因此來介紹諜報員經常使用，讓對方放下戒心引出重要情報的「沙漏會話術」。

「沙漏會話術」是**用非常普通的閒話開始對話，然後一點點地集中到特定的話題上，再回到閒話中的會話術**。

例如，在對話的開頭詢問對方的孩子，然後把話題轉向對方的工作（你想要的情報）。然後再回到關於休假和喜歡的食物等閒談中。

人往往會記得談話的開頭和最後一個話題，但對於中間的話題很容易忽略，優秀的諜報員會利用這個原理進行對話。

例如，在商業世界中利用這種手法，不僅可以在不被對方警惕的情況下進行刺探，還可以獲得對方是否想購買自己公司的產品，還是想購買競爭對手的產品等核心情報，即能夠迅速地判斷對方是否是潛在顧客。

只要稍加練習，就能簡單地實行沙漏會話術，想辨別真正成為客人的對象時，可以避免浪費不必要的時間與心力。

當然不僅如此，你也可以用來收集你需要的商業情報。

除了銷售以外也可以使用，所以請一定要學會沙漏會話術。

把真正想聽的話藏在對話中間

成為超一流傾聽者的四項武器

為了得到情報而和目標對話當然不是違法的。話題多的人、幽默風趣的人、能應付對方話題的人，都能透過交流合法地獲取情報。

諜報員都是談話高手，J・C・卡爾森說，CIA的諜報員並不是像詹姆斯・龐德那樣特殊的人，而是不顯眼的普通人。也就是說，看起來很普通的人才會成為諜報員。

但是，諜報員有一個優秀的技術。

不是**「擅長說話」**，而是**「擅長傾聽」**。

大部分的人，比起聽別人的話，更想讓別人聽自己說的話。

正因為如此，以「善於傾聽」為信條的超一流諜報員，身邊總是聚集了很多人，連帶需要的情報也會自然地聚集起來。

在CIA中，比起訊問目標，更喜歡慢慢地花時間建立人際關係，引導目標說話。

ＣＩＡ會派出幽默、緩和氣氛、營造舒適環境、不愛說話的人。透過讓很多志願者接受性格、人格檢查，並藉助了心理學家的力量，通過訓練，提高諜報員從對方那裡自然引出情報的技能，成為交流的達人。

如果商務人士掌握了成為「善於傾聽」的技能，肯定能派上用場。

那麼，成為「善於傾聽」所需的技能是什麼呢。

看著對方的眼睛說話，不要把自己的想法強加給對方，提出問題，確認對方的需求，根據對方的需求說話，不否定對方的意見，給出對方需要的建議等。

在《前ＦＢＩ調查官教授的「支配心靈」方法》（傑克・謝弗／馬文・卡林斯）一書中提到：「要聽對方的話，說起來容易做起來難。」

這是**「傾聽（listen）」**、**「觀察（observe）」**、**「發聲（vocalize）」**、**「表示共鳴（empathize）」**，合稱為「ＬＯＶＥ」的技巧。

也就是說，集中於人的談話，以適當的頻率與對方進行眼神交流（傾聽、表示共鳴）。

邊聽邊仔細觀察對方感情的波浪和身體的情況。

用別的語言回應對方的發言（發出聲音、表示共鳴）。

諜報員所熟知的技巧。

諜報員以 LOVE 為原則傾聽

FBI的好感度法則——如何迅速讓對方對你產生好感？

前聯邦調查局探員傑克・謝弗說：

「距離＋頻率＋持續時間＋強度＝人的好感度」

這被稱為「好感度法則」。

也就是說，見面的機會越多，接觸的時間越長越密切，就會越喜歡對方，越有好感。

所以，和初次見面的人突然變得親近並不簡單。

把目標放在第二次見面才是上策。

也就是說，給對方一種「想要再見第二次面」的印象就好了。

如果見面的機會增加的話，就像「好感度法則」一樣，關係就會建立起來。如此一來，也會明白對方的想法、興趣、弱點，所以能成功拉近雙方的距離。

和初次見面的人話題少，不能持續下去時不必著急。

通過與對方同步的肢體語言（誇張、點頭、眼神交流、歪頭）、鏡像（模仿對方的動作和行為）來彌補對話的不足，創造良好的氛圍就可以了。

觀察身體語言也能在一定程度上知道目標的心情如何。

「放鬆舒服的姿勢」、「臉朝著你」、「腳尖朝著你」、「稍微向你探出身子」、「說話的時候比手勢」、「眼神交流」、「像肯定一樣點頭」、「發出笑聲」、「熱情地握手」等。

這些是目標處於良好心情狀態的訊號。

對方「雖然說了肯定的話，但還是搖頭」、「一邊說否定的話一邊點頭」、

「感覺不舒服地扭動」、「說話反常」、「沉默了一段時間」、「面無表情地發呆」等等。

這些是謊言的訊號，沒有留下好印象的證明。

「太長的凝視（一秒以上）」、「從頭到腳盯著看」、「歪頭看天空」、「把手放在腰上，張開腳站著」、「握緊拳頭」、「鼓起鼻孔吸氣」等。

這些則是帶有敵意的訊號。

觀察對方的身體語言，並做出回應

在商務場合，觀察對方的身體語言，進行肢體交流是很重要的，為了建立讓對方覺得「還能見面嗎」的良好關係，身體語言是很有用的手段。

想從談話場合擊退討厭的對象時，從頭到腳打量一遍就好了，發送敵意訊號與對方早早地斷絕關係吧。

因為人們有收到禮物，就必須回禮的心理「回饋性」，所以這招送禮時也意外地有用。

在不影響場合的情況下保持對話也很重要

對於初次見面的人來說，比起對話內容，營造讓對方心情舒暢的氛圍更重要，但也要讓對話保持不讓對方失望的程度。

會話的要點是**盡快找到共同點**。

關心的事情、經歷、出身地、工作等什麼都可以。

例如，即使出生地不同，也有可能去過那裡，知道對方的出生地也能成為共同點。

這是我年輕時在交流課程中學到的內容，在和初次見面的人對話時，「衣食住行」作為共同話題是最簡單有效的。

只是光靠這樣還不夠。

例如提到廣島縣，牡蠣、山本浩二、廣島城、音戶瀨戶、宮島等什麼都可以，試著不間斷地說五十個單詞，即使對方是初次見面，如果是廣島出身的話，也透過各種關鍵字，勉強繼續對話。

實際上，我因為出身於廣島，所以說五十個單詞完全沒問題，但是提到隔壁的島根縣就辦不到了。

因此訣竅是做出強迫思考的框架。

如果加入政治、地理、歷史、經濟、人物、藝術、藝能等框架，無論哪個縣想到的詞的數量都會增加。

你不必深入了解那個單詞的內容，只要能成為讓對方說話的開關就好了。

我做情報教官的時候，喜歡讓學生做這種「一縣五十詞」的訓練。

話雖如此，要說五十個詞短時間內很難辦到，所以先以「一縣十詞」為目標吧。

為了能在各式各樣的領域尋找共同點，所以要在平時增加自己的知識。

在「一縣十詞」的訓練中，找到和任何人都有的共同點

ＣＩＡ式「攻略初次見面」的究極技術

對於商務人士來說，面試是進入公司、跳槽的第一道門檻，ＣＩＡ和ＭＩ６（英國的對外諜報機關）等也會在網站上公開招募，是應募者蜂擁而至的人氣職缺。

也就是說，諜報員是通過高難度面試的菁英。

前ＣＩＡ諜報員Ｊ．Ｃ．卡爾森表示：「善於傾聽的技能不只在與顧客初次見面時起到了作用，而在面試中也十分有用。」

卡爾森說，在就職面試中，能「讓面試官開口，而不是自己開口」是成功的例子。

我也做過幾次考試的面試官，面對有趣、富有幽默感的人時，因為想知道的事情很多，所以提出很多問題，變成幾乎都是我在說話。

面試是投接球。因此，要簡潔地回答問題，面對這個問題，面試官會引導你想問下一個問題。也就是說，邀請相關提問是很重要的。

面試官的任務是提問，所以，從一個問題中會延伸出第二步、第三步的提問。

對於自己知道的事情，**不要突然舉出具體的事例，長篇大論地回答**，也不要用誇張的方式回答，不管你多麼會吹噓，面試官也不會產生興趣。

話雖如此，生硬地只回答「ＹＥＳ／ＮＯ」也不好，至少**用兩三句話回答**。

「那是怎麼回事？請舉個例子。」這樣的話要注意從面試官那裡引出。並且，要引出「因此，你怎樣感覺了？」等的問題。

如果面試官問「你有什麼問題嗎？」，那就是發揮「善於傾聽」技能的好機會。

那麼，該問什麼呢？

不要問公司的事，**要問面試官的事**，詢問面試官在公司經歷了怎樣的職業生涯，大家都想把自己的光榮戰績告訴第三者。

為了讓對方心情愉快地說話，不要打斷面試官的提問。

即使突然想到好的想法，在面試官說完之前也不要自己說話是基本中的基本。

以引出第二步、第三步的提問為目標

根據性格的類型，改變方法讓對方成為合作者

這個話題稍微有點跑題，ＣＩＡ曾在面試中嘗試著將性格按類型分類。

這是二十世紀二〇年代關於瑞士心理學家榮格、ＣＩＡ長官艾倫·杜勒斯與戀人女間諜瑪麗·班克羅夫特當時在瑞士活動的事情，《間諜的世界史》（海野弘）中的內容。

她雖然是美國人，但在第一次結婚失敗後移居瑞士，認識了心理學家榮格。

一九四二年底，來到伯恩的杜勒斯僱傭了精通德語、熟悉瑞士情況的瑪麗，瑪麗的丈夫是個忙碌的商務人士，經常出差，為了打發無聊的時間，她投身這項驚險的工作中。

瑪麗把杜勒斯介紹給心理學家榮格，榮格對情報有著強烈的興趣，精神分析（性格分類）也是一種窺探人心的間諜術，榮格的理論被應用於情報戰中。

榮格對這位美國諜報大師產生了興趣。

「幸好妳掌握了他的個性。」他對瑪麗說。

「像他這樣野心勃勃，覬覦權力寶座的人，為了確認自己是否做出了適當的判斷，是否迷失了自己，會聽取女性的意見，但卻不會聽從，他只不過是傾聽並參考，最終做出自己的決定。」

這就是CIA與精神分析的奇妙緣分。

一九四〇年代將榮格性格分類發揚光大的是伊莎貝爾・布里格斯・邁爾斯及其母親凱瑟琳・庫克・布里格斯。

兩人的性格分類法「Myers-Briggs式性格分析測試」（MBTI）在美國不僅在情報機關，在商界和普通政府機關也被廣泛採用。

MBTI根據意識的狀態分為**「外向型」**或**「內向型」**，將認識的方法分為**「感覺型」**或**「洞察型」**，判斷的方法分為**「思考型」**或**「感情型」**，對人生的態度分為**「判斷型」或「知覺型」**。

例如，表裡如一的人是「ＥＳＴＪ（外向、感覺、思考、判斷）型」。據說與這種類型的合作者接觸，具體的專業能力比套交情有效。而與ＥＳＴＪ類型相反的是「ＩＮＦＰ（內向、洞察、感情、知覺）型」，這種類型的人在意道德觀念，不適合成為諜報活動的合作者。

ＭＢＴＩ會根據對方的性格改變交流方式。即使不進行嚴格的分類調查，也可以推測對方是什麼類型，改變接近方法，讓交流更順利。

善用ＭＢＴＩ分類法

操縱對方心理，ＭＩＣＥ的威力

諜報行業有一個術語叫「ＭＩＣＥ」，將滲透到自己組織中的敵人間諜稱為「老鼠」，但在一般社會，在組織中到處刺探的可疑人物也被稱為「老鼠」。

MICE是眾所周知的間諜用語，諜報員會選定心志不堅的人作為合作者。

MICE是適合下手目標特徵的縮寫：

①金錢（Money）、②思想・信條（Ideology）、③虛榮心（Compromise）、④表現欲（Ego）

過去KGB將可能成為內奸者的條件設為「缺乏道德的政府職員」、「被寵壞的孩子」、「不滿的知識階級」、「孤獨的秘書」四種，總之物質上、精神上有弱點的人就容易成為合作者。

過去美國CIA要員奧爾德里奇・艾姆斯因為金錢欲望成為了KGB的間諜。**【①金錢】**

第二次世界大戰時期的尾崎秀實和冷戰時期的英國的金・菲爾比信奉共產主義意識形態，成為蘇聯的間諜。**【②思想・信條】**

被桃色陷阱纏住的人，害怕暴露出醜態而被操縱。**【③虛榮心】**

能力不如同儕，對組織不滿的人，被敵人諜報員表揚能力高，巧妙地鼓舞自尊心，成為被籠絡的間諜的情況也很多。

【④表現欲】

在商業世界裡，員工也有可能被抓住弱點，被迫向競爭對手洩漏企業秘密。企業秘密不是從外部被拿走，而是從內部被洩漏的情況比較多，「社交手段」這種經典方法出乎意料地好用。

新商品的開發情報等被洩漏的話，對企業來說是十分致命，企業的負責人可能需要從MICE的觀點，偶爾檢查員工是否受到各種競爭對手的接觸，而被抓住了弱點。

MICE既是組織防衛或要員防衛的重點，實際上也是提高與對方交流管道的著眼點。

在《最強間諜的工作術》（彼得．歐尼斯特／瑪麗安．卡林奇）中，將MICE作為提高對方動力的技能進行了介紹。

在商務人際關係中，也可以利用MICE獲得有利的局勢。

也就是說，在公司內委託別人協助時，或在與顧客的交流中可以應用ＭＩＣＥ。

希望商務人士不要把ＭＩＣＥ理解為抓住弱點成為合作者的消極用語，相較之下，提高動力、增進交流等積極正向的用法更為重要。

不是利用弱點來追究和脅迫，而是貼近對方的心情，推測對方處於怎樣的困境，為了將其從困境中拯救出來而使用ＭＩＣＥ。

這樣的話，對方就會根據「回報性原理」，聽從我的話，這種關係既能長久，又具備更好的發展性。

操縱人心的四個要素

04

記憶並在需要時瞬間想起的動腦方式

用「關鍵字」、「話題內容」、「人物」來幫助記憶的「諜報之型」

這個時代，記憶力本身似乎變得不太需要了。
確實，忘記的事情可以用手機馬上查到。
但這並不意味著不需要記憶。
思考和對話的爆發力，
為了能加深思考及預測未來，
需要與記憶對話。
將情報放入記憶中很重要，
而將情報從記憶中引出更重要。
通過了解諜報員是如何回憶記憶，
商業成果也會有很大的變化。

運用會話與思考的爆發力來預測未來

諜報員需要記憶力。

最大的理由是，從事秘密活動的諜報員如果攜帶重要的文件，被檢查隨身物品，或被逮捕後被拿到資料的話會很麻煩，所以諜報員不能做筆記，也不能記錄在智慧型手機上。

在詢問想要接近對方的情報時，有時也沒辦法記筆記。

只要問「可以記筆記嗎？」就會產生緊張感，對方也會警戒，說話變得保守。

雖然商業人士不需要像諜報員那樣緊繃，但也需要一定的記憶力。

最近，在網路上什麼都查得到，記憶力的重要性下降了，我認為這是正向的現象，但我還是認為提高記憶力有利無弊。

本章所講的內容也有助於提高口語能力和分析技巧。

- **提高思考和發言的爆發力**
- **注意到危機的徵兆和機會的到來，預測未來**

這都是記憶力的好處。

無論是和別人說話，還是自己一個人思考和制定戰略，為了得到情報，上網查不只花費時間，也會讓自己失去思考能力。

通過將眼前的情報與過去的情報相連結，進行解讀，可以得到預見未來的洞察力，不能引出過去情報的人無法活用經驗，今後也會繼續失敗下去。

諜報員可以將過去的經驗，與現狀對照，有「發覺違和感」的能力，連帶看見未來的徵兆。

探知徵兆的感知力，看見背後真相的洞察力，我認為這就是預測未來的魅力。

商務人士注意到**「縱向的變化」是很重要的**，所謂縱向的變化，就是與過去相比，現狀發生了怎樣的變化以及為什麼。

也就是說，這是探索因果關係的思考，而且，未來預測是通過因果關係這一對比來進行的。

縱向的變化就是徵兆，能否探測到徵兆取決於記憶能力。

鍛鍊記憶力的秘訣是好奇心，對感興趣的事情的記憶不斷積累，不是正確的記憶也可以。

「總覺得過去也有過同樣的事情，但是和過去有什麼不同呢」這樣的感覺很重要。

這是因好奇心而加深印象的記憶。

因為這些原因，我認為商務人士也應該要知道諜報員的記憶術。

為了注意到縱向的變化而使用記憶術

KGB使用的三種記憶術

關於記憶術的商務書籍賣得很好，對於商務人士來說，提高記憶力的技能很受歡迎。

為了學習、面對面交流、提高思考的深度，記憶術是十分有用。

有一本書名叫《ＫＧＢ間諜式記憶術》（丹尼斯・布金／卡米爾・古裡耶夫）。

在這本書中，作為記憶術的三個原則，列舉了「關聯」、「視覺資訊」、「投入感情」。

重要的是，比起能否存儲資訊，更重要的是能否在必要的時候喚起、引出、活用所存儲的資訊。

即，與記憶本身相比，鍛鍊與記憶相關的「回憶力」更重要。

關聯

記住什麼的時候，只要和已經知道的事情聯繫起來就可以簡單地記住，在必要的時候可以馬上想起。

舉一個簡單的例子，用諧音來記憶單詞。

我在高中的時候，用了這樣一種方法：對於 lamentable（拉麵太多諧音）這個單詞，記成在拉麵上撒了太多胡椒，眼淚從眼睛裡流出來，給人一種悲傷的印象。

即使過了將近半個世紀，我還是記得這個單詞的意思是「可悲的」。

這就是「關聯」。

視覺資訊

「視覺資訊」是指將事物影像化並記住在頭腦中，比起邏輯，很多人更擅長用視覺形象來記憶。

為了提高記憶力，可以意識到想要記憶的東西並視覺化。

今天在量販店買了什麼商品？

我怎麼也記不住買了什麼商品，但是我想起了把商品塞進購物籃時的印象，因為是整理後才放入，印象很容易再現，也就是說，將形象視覺化並記憶。

投入感情

「投入感情」是指為了記住事物而投入感情。

人類的頭腦會優先記住伴隨著強烈感情的事件，感情可以成為記憶的驅動力。

快樂的事、悲傷的事都會留下很深的印象，因此對於想要記憶的資訊，有意識地投注感情也能發揮效果。

商務人士也最好記住這三條原則。

使用「關聯」、「視覺形象」、「感情」來記憶

有效運用三原則吧！

《KGB間諜式記憶術》應用三原則，還介紹了《場所記憶法》、《故事記憶法》、《轉換法》等具有代表性的記憶術，這些都是間諜也會使用的記憶法。

場所記憶法

所謂場所記憶法，是指以自己家的示意圖等地方為印象，進行關聯記憶的手法。

先標記1玄關、2廁所、3浴室、4盥洗室、5廚房，進入自己家後可以自由決定路線，所以要準備「場所」，在那個地方創造記憶相關的印象來記憶。

例如，試著記住五個沒有關係的單詞，要記住的單詞如下：

自行車、書、馬車、霜淇淋、醫生。

在這種情況下，試著這樣思考吧。

1關聯騎自行車衝進玄關的印象。

2關聯在廁所看書的印象。

3關聯在浴室裡使用馬車形狀的肥皂。

4 關聯吃完霜淇淋後，在盥洗室漱口的印象。

5 關聯醫生在廚房做健康食品的印象。

按順序製作這樣的印象，一邊想像場所，一邊按順序從記憶中引出想記住的單詞。

變換法

記數字的時候可以使用「變換法」。

利用諧音也是轉換法之一。

我的汽車號碼是「6415」，所以用「無事故（日文諧音）」記住了，以前我的電話號碼是「971-2317」是「哥哥來了真好啊」，即使有點奇怪，意外地效果很好，在《KGB間諜式記憶術》中，將數位置換為如下與數位形狀非常相似的東西：

0 球、帽子、手指

1蠟燭、槍、羽毛
2天鵝、蝸牛、檯燈
3鬍子、雲、駱駝
4椅子、帆船、風向計
5起重機的鉤子、舀子、椰子樹
6大象的鼻子、手推車、帶莖的西瓜
7門把、檯燈、高爾夫球桿
8眼鏡、沙漏、自行車
9帶繩子的氣球、帶鎖鏈的單眼鏡、棒棒糖

記數字的時候，換成這樣相似形狀的東西記憶會更加強烈，並且，試著自己創造故事的話更能記住。

例如，在記住「10268」這個數字的情況下，想像蠟燭、帽子、白鳥、大象、自行車。

如果想進一步加強記憶的話，可以這麼做：

蠟燭（1）倒下，帽子（0）著火。

為了把它關掉，天鵝（2）叼著裝有水的水桶運過來，大象（6）也從鼻子噴射水進行滅火活動。

你騎自行車（8）去消防局求助。

製作這樣的故事記住數字的話，記憶就會增強。

用「場所」和「變換」增強記憶

西方間諜和忍者共通的記憶術

來說說有關於記憶的故事。

在陸軍中野學校，甲賀流忍者的繼承人藤田西湖教授了忍術，之前曾說過，忍者是諜報員的先驅者。

記憶術，不僅僅是西洋的間諜在使用，忍者也會使用。

忍者和諜報員的共同點很多，兩者都克服困境，單獨收集情報判斷情況，即使成為俘虜也能活下來，將情報帶回本部。

收集情報的忍者也不知道什麼時候會被敵人抓住，所以禁止做筆記，只能依靠記憶力。

我想很多人在電視上看到過忍者潛入閣樓的場景，在黑暗中是沒辦法做筆記的。

江戶的忍者往往得去很遠的地方，回來後再報告，所以需要記住好幾天，為了不忘記只好另闢蹊徑。

忍者活用了與KGB的變換法和聯想法相似的技術，那就是「置換術」。這是將要記住的東西置換成其他東西來記憶的方法，例如將數字用身體部分和食物置換的變換法來記憶。

1＝頭、2＝額、3＝眼、4＝鼻、5＝口、6＝喉、7＝胸、8＝腹、9＝尻、10＝腳。

從身體上依次往下數，從那個部位聯想到了數字，「置換術」在原理上與西方諜報員的記憶術相同。

另外，據說忍者擁有**「不忘之術」**，通過用刀具傷害自己的身體，記住了絕對不能忘記的事情。

確實，一邊感受著身體的疼痛一邊記憶的話，會變得很難忘記。

雖然不能用刀具傷害自己，但是一邊拍打身體感受痛楚，一邊記憶也是很有效果的。

一邊刺激身體一邊記憶

這麼做，就不會再忘記人的名字與長相

想不起來演員的名字沒有什麼問題，但是工作中相關的人的名字記不住的話，作為商務人士有負面的影響。

我做了很長時間的教官工作，所以需要記住學生的名字，其訣竅是有意識地說出學生的名字並反覆複誦，「是啊，山田」、「佐藤是怎麼想的」，

通過發出聲音可以加強記憶。

但是，向學生提出問題時，經常會忘記學生的名字，這種時候，說「你」和「那個誰」，給學生的印象很差。

進入陸上自衛隊幹部候補生學校的時候，和我在同一組有四十名左右的自衛官。

儘管是第一天，指導教官還是來到了所有候補生的面前，叫我「〇〇候補生」。

就算看了事先分發的照片、履歷等，能這樣一次就把臉和名字記住，想必花了很多苦功。

我感到非常佩服，領導者的基礎就是從這裡開始的。

記住一個人的名字和長相很重要。

諜報員必須從對方那裡引出話來，從某種意義上說，諜報員是孤軍奮戰。所以在前諜報員的著作中，和記住數字一樣，記載了記住臉和名字的訣竅。

例如，有找出與其他人不同的特徵，將其特徵和名字結合起來編故事的手法。

長臉的人給人一種馬的印象，作為「騎馬的〇〇先生」等，結合調教馬的樣子，把特徵誇張，這也有助於記憶人。

如果對方是「橋田先生」的話，可以想像橋田壽賀子和對方並排的樣子。聽到對方的名字，像「〇〇先生」、「△△先生」時，意識地發出聲音複誦也很重要。

善用眼睛和耳朵，讓臉和名字一致，在頭腦中留下印象。

把特徵和名字結合起來

情報分析官「不用做筆記也不會忘記對話內容」的技術

剛才我說有時候諜報員不能記筆記，我自己在進行訊問時，也遇到過沒辦法馬上寫筆記的情況。

果然，最讓人安心的是自己的記憶力。

把聽到的東西暫時記住，之後再寫起來是很重要的。

以我的經驗

「你在問什麼？（what）」

「為什麼要問？（why）」

如果問題很明確，事情就會留在記憶中，也就是說，具有目的的提問，對於記憶是很重要的。

我從事寫作工作，有時會出去採訪，但不會先錄音，如果是一小時左右的採訪，我有自信能再現80％的口述，這是因為我的提問都不會違背這兩個原則。

一是明確「問什麼」。

實際上沒有必要一句一句地記住別人的話。

人腦是方便的東西，能記住重要的東西，能忘記不需要的東西，如果超過頭腦能記憶的容量，不需要的東西就會漸漸忘記。

明確什麼是必須問的，什麼是重要的，預先推測那個答案就可以了。

並且事先做好功課，了解對方的狀況，按照準備好的答案進行詢問，就能順理成章地把答案填入腦中。

如果和推測的答案不同，也會產生「哎呀！」這樣刺激的感情，加深記憶，畢竟投入感情的情報更容易留在記憶中。

還有一件重要的事情是事前準備。聽了很多事情，想當場記住，所以有點勉強。

事先調查一下關於採訪對象的公司等公開情報，只要確認想知道的事情就可以了，不用把全部內容一字一句地記住。

另外，將短期記憶轉換為長期記憶也很重要，所以不只要事前準備，事後複習也不能懈怠。

意識到原因與目的很重要

用「YES／NO」的提問來記住對話內容

讓我分享一下在國外工作時的記憶。

我到孟加拉赴任的時候，經常會從該國軍人那裡收集情報。我英語不太好，所以把問對方的核心問題集中在五、六個，都是用「YES／NO」就能回答的問題。

和對方的對話幾乎都是打招呼或閒聊，**集中精神在重點上，不需要聽對方的閒話或提問**。只要你致力於讚美對方的國家和本人，對方自己就會滔滔不絕說個不停。

此時，配合點頭表示贊同，不用太在意對話內容，做一個好的傾聽者就好。

然後，看著時機說「對了（By the way）」，開始問YES／NO問題。留意耐住性子不要急著丟出第二步第三步的問題，好好等待提出下一個問題的時機。

人名、專有名詞、數字相關的資訊很重要，所以在這裡集中全部精神，問「那太厲害了。還需要○○美元呢」、「△△很遠，很辛苦呢」等相關問題，或者回答「○○美元嗎」等對方繼續說。

聽完後，不要想多餘的事情，記在腦海中。

如果有必要的話，在談話結束時借個廁所，把重要的事情記下來。回到辦公室後，當天就做好檔案，這樣的話，即使在國外，也能很好地收集情報。

重要的是事前準備和複習，還有不依賴記憶力而記住情報的方法。

有時也會有兩個人一起去打聽，在這種時候就要決定角色分配。

一個人不加入對話，集中精力記住專有名詞和數字。

然後在回家的路上，兩個人再現對話內容，把重要的事情留在筆記上。通過這種方法，可以再現對話80％以上的內容。

了解應該集中精神的地方和放手的地方

最重要的事情是回憶力

記憶有感覺記憶、短期記憶、長期記憶三種。

感覺記憶是由五感產生的知覺資訊，持續時間為0.5秒以下，能夠將電影的圖像識別為連續的運動，是因為有感覺記憶。

應注意儲存的資訊會從感覺儲存轉移到短期儲存，短期記憶可以保持幾分鐘到幾小時。

重要的是從短期記憶向長期記憶的轉變，應該長期記憶的東西，保存在筆記裡就可以了。

如果把長期記憶整理成檔案，就不需要全部記住。

在最近的心理學學說中，記憶在輸入的「記銘力」和輸出的「回憶力」之間，似乎有一個「保持」的過程。

據說記憶分為「記銘」、「保持」、「回憶」三個階段。

最重要的是「回憶」，與其把腦子裡裝滿記憶，不如在必要的時候再現記憶。

這就是回憶力，鍛鍊回憶能力很重要。

雖說如此，記憶本身還是有存在的必要，因為通過貪婪地灌輸知識，腦子裡會積累一些資訊。

記憶像鎖鏈一樣與其他知識聯繫在一起，循著記憶的鎖鏈，就能準確地找到想要的資訊。

記憶的保持放平常心即可，不要害怕忘記。

此時重要的是**認識到需要什麼樣的資訊**，這是在情報的收集術中也曾提過，所有的情報收集都是從設定「問題」開始的。

也就是說，關心資訊，有目的意識地收集情報，而沒有目的意識的資訊沒有價值。總之，搞清楚應該知道的事情，注意收集重要的資訊。

如果有觀察力、好奇心，就會聚集大量的周邊情報（附帶資訊）。

記住某個資訊固然重要，但掌握該資訊的周邊資訊也很重要。

比關鍵字更重要的是資訊的內容，即使忘記了關鍵字，只要知道周邊資訊就好了，只要記住周邊資訊，就能找到關鍵字。

例如，忘記別人名字的時候，如果能想起對方的興趣的話，不久就會想起名字，周邊資訊的重要性可見一斑。

製作用於回想情報的抽屜，將這個資訊確實記載在文獻上，看到資料就能回想起對方很重要。

不是正確的記憶，只要有想起那個的契機就好了，找起來想起來，找到正確的資訊就好了。

實際上，比起關鍵字，周邊資訊更重要

整理成體系與樹形結構

我開始做情報工作的時候，會把剪報和聽到的資訊檔案化，分類到書架上的文件櫃裡。

給這個檔箱起個名稱就是整理情報。

如何整理記憶的資訊決定了諜報員的優劣。

在整理上我們要學的是一般的框架。

國際形勢分析「PMESII」。

PMESII 將自己得到的資訊分類為 Political（政治）、Military（軍事）、Economic（經濟）、Social（社會）、Infrastructure（基礎設施）、Information（資訊）。

如果是經營分析的話，就是「PEST」，PEST 分為 Politics（政治）、Economy（經濟）、Society（社會）、Technology（科技）。

這些是強制性構思法的框架，例如在考察「影響經營的外部環境」等時使用，但也可以作為進行資訊整理的框架使用。

框架建議設定自己所需的類別、項目，製作自己的東西。

另外，**用樹狀結構進行整理也很有效**。

我從事中國軍事情報分析業務的時候，把政治、經濟、社會、外交、科技、軍事的資料夾設定在電腦畫面上。

記住的事情用樹狀圖整理

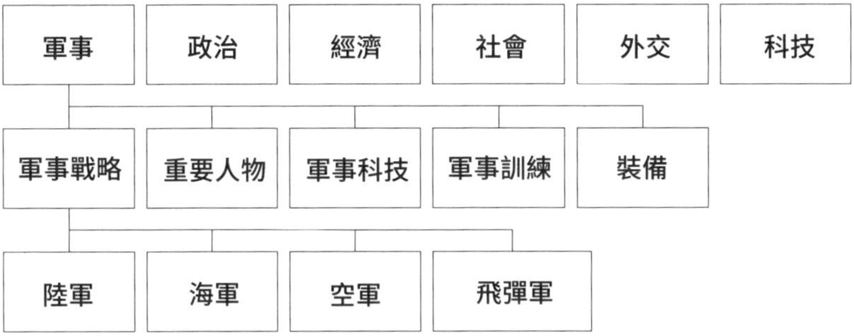

資訊視覺化、形象化
隨時找到想要的情報！

接著在軍事資料夾中還設定了軍事戰略、重要人物、軍事科技、軍事訓練、裝備等子資料夾，軍事戰略資料夾又分為陸海空飛彈軍等子資料夾。

資訊是用樹狀結構整理的，資料夾名稱可以如樹狀圖所示。

現在我從事寫作工作，常常需要查詢過去的情報。

演講、著作、經營戰略、決策、相關資訊等設定為五、六個左右的頂層資料夾，它們各自還有幾個子資料夾。

子資料夾還會有幾個下位資

料夾，大體上是三層構造。

回想的訣竅是將樹狀結構視覺化、形象化。

電腦可以隨意將資料夾排列成樹形結構，有時也可以印出來，再把結構圖記入腦中。

如此一來，以後憑直覺就能找到想要的情報。

整理情報，更容易引出記憶

05

提高情報分析力的動腦方式

在決策、行動中活用情報的「諜報之型」

諜報員分析收集的情報。
情報加工、解釋
透過知識昇華才能賦予意義。
要有條理的決策和行動
引導，產生成果。
最重要的是
分析收集到的情報，昇華為智慧
無論未來發生什麼事
才能採取正確的行動，冷靜地應對。

將情報加工，提高價值

在日本，沒有專門進行秘密工作的機構和單位，不會在海外以非法手段收集情報，或有意誘導海外輿論對自己有利、製造謀略性事件。

但是，即使沒有專門進行秘密工作的機關，也沒有什麼都不做的國家。日本也和很多外國一樣，通過收集和分析世界各國和國內的資訊，維護日本的國家利益，保護日本人。

自衛官、外交官、警察都一樣，為分析情報、提出政策的決策者提供有用的情報。

本章將重點放在情報的分析上，1～4章的集大成就是這5章。

並且介紹世界的情報機關使用的情報分析術，以及我作為前防衛省分析官所學，實際使用的情報分析術。

在了解情報分析術的基礎上，首先要知道的事情：

那就是資訊和情報的不同，世界上的諜報員都能明確區分使用這個詞。

如同前面所說，只是收集資訊沒有意義。分析、加工資訊使之昇華為智慧，正因為是知識分子，才促使合理的決策和行動。

情報和資訊在日語中都被翻譯成資訊，但這兩者並不同。

簡單地說，**情報是料理，資訊是料理的素材。**

情報是挑選、成形、調味、加熱等素材花費時間煮出來的東西，資訊可以說是剛摘下來的蔬菜和魚肉吧。

更進一步說，資訊無論誰看、聽都是一樣的，但情報是使用資訊的一方進行了獨自的解釋。

例如，無論誰看都是「牛肉是牛肉，豬肉是豬肉」，但如果交給廚師的話，就會變成「涮牛肉」、「漢堡」等其他料理。

「今天下午開始下大雨」這一面向大眾的天氣預報，根據優秀商務人士的思考，也會成為「今天商品的銷路會下降」的情報，制定「調整進貨量」的合理行動應對。

如果這一情況經過國家情報分析官的手，就會被「尖閣諸島周邊的大海波濤洶湧，某國的漁船不會靠近」的情報所取代，反映到我國的海上警備上。

在本書中，資訊稱為資訊，例如，在2章中提到的是收集資訊的科技。

對資訊進行分析、加工後完成的是情報。

據說在情況變化劇烈的不確定時代，資訊是必要的，很重要。但是，那個資訊就是情報。

資訊不能制定戰略和戰術。

我們希望商務人士明白，我們需要的是有效的戰略、決定行動的資訊分析，是對收集到的資訊進行加工、分析後製作的智慧。

做資訊料理的話會有情報，會產生戰略

何謂CIA的情報循環？

各國情報機關具有根據情報製作情報的業務運營的基本型，這就是情報循環，以CIA的例子來說明吧。

諜報員（包括情報分析員）接受決策者的委託後，收集情報，分析資訊，製作情報，並向決策者提供情報。

在國家情報活動中，這種活動會半永久性地重複，因此被稱為循環。

為了分析資訊以創建和提供情報，ＣＩＡ採取五個循環。

【循環1】計畫、指示（Planning&Direction）

決策者提出了「Ａ國的局勢穩定到什麼程度？」這樣的問題，也就是說，提出了「調查這樣的事情！」的情報要求。

【循環2】收集（Collection）

根據這個要求，情報收集機關和分析機關的諜報員，從Ａ國的報紙和新聞報導等的公開資訊，或者重要人物收集關聯資訊。並且通過通信監聽和偵察衛星收集Ａ國的資訊。

也就是說，開始接觸和開發來源（所有的情報源）。

【循環3】處理（Processing）

收集的資訊不能直接使用，進行影像的解析、消息的解讀、外語廣播的翻譯、密碼的解讀、將從人那裡得到的資訊整理成容易理解的形式和上下文等。

並且，為了日後進行的分析，使資訊容易使用，按關鍵字（內容）進行劃分，整理進資料庫。這裡可以想像2章中引用的河豚處理方式。

完成任務的循環是？

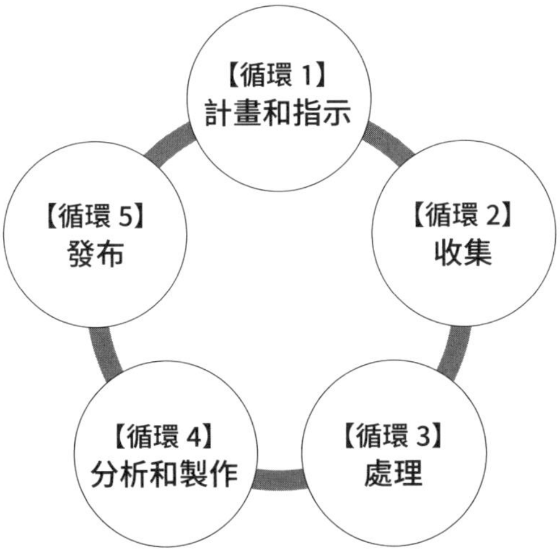

【循環4】分析・製作（Analysis&Production）

使用經過「處理」和資料庫化的資訊，創建能滿足用戶資訊請求的情報，這裡是相當於循環中樞的最重要的過程。

【循環5】發布（Dissemination）

向決策者提供口頭報告或情報（檔案或數位形式的報告）。

以上是ＣＩＡ至今仍在使用的情報循環，但在商業世界也能發揮效果。

事實上，美國政府情報組織培養出關於情報的各種見解，在二十世紀八〇年代中期就被運用到商界，一九八六年在美國設立的ＳＣＩＰ（競業情報專家協會）設定了與ＣＩＡ基本相同的循環模型。

情報循環也是企業制定和執行戰略的過程。

在循環中，分析尤其重要

自己一個人也能運轉情報循環

商務人士從諜報員那裡學習思考法和商務技能的時候，首先要理解情報組織的循環，也就是「伊呂波的伊（日本俗語：起點的意思）」。

如果是商務人士的話，會一個人轉動這個循環，所以再稍微考慮一下吧。

【循環1】決定調查什麼

為了明確收集什麼樣的資訊，設定疑問點，也就是問題。

例如，為了賣這本書，設定了「誰會買能學到諜報員技能的商務書？」的問題。

此外，還將設定一個框架，以表明購買讀者的類別、獲取通路、紙質書籍和電子書的動向、暢銷的價格帶和頁數等問題。

【循環2】資訊收集

為了收集符合問題和框架的資訊，搜索網絡、報紙、書籍、雜誌等公開資訊，或者直接、間接地從人身上收集資訊，這在2章中進行了相當詳細的說明，應該不難理解吧。

【循環3】處理資訊

將收集到的資訊與2章介紹的河豚的處理相同，區分為「篩選」、「分類」、「評估」、「保管」進行處理。

【循環4】分析資訊，製作情報

一邊使用收集到的資訊，一邊製作情報，為了讓未來有更好的戰略和對策。

【循環5】發布和戰略立案

因為與國家情報組織的人員政策無關，商務人士不會將情報發布給情報單位，會將情報集中保管。

商務人士不僅可以得到情報，還可以進行公司的戰略立案，提供給經營者和上司。

將進行資訊分析而製作的情報，變得便於利用而進行整理，並附上索引、關鍵字進行保管。

諜報員為了製造情報而活動

提高情報精確度的做法

再說一次，諜報員分析資訊，在決策和行動中活用，適當的決策和行動可以說是由資訊分析和情報決定的。

這件事商務人士也完全一樣，商務人士為了做出合理的決策和行動，不可避免地要考慮「有哪些情報？」。

因此試著想一下「情報有什麼種類」的「問題」吧。

情報有「基礎情報」、「動態情報」、「推測情報」三種，按順序說明吧。

【基礎情報】

是為了掌握對方國家的地理、歷史、政治、社會、經濟、軍事等動向和傾向的情報。

例如有人說，在這次烏克蘭危機中，「俄羅斯為了統治烏克蘭全境而進攻，但陷入了苦戰」。這是掌握了「烏克蘭有四千萬以上的人口，面積是日本的一點六倍」這一資訊的分析。

在俄羅斯對烏克蘭進行軍事侵略之前，得出「從人口和面積來看，即使俄羅斯進攻，也很難控制整個地區」的結論，從平時開始收集數據，從現狀進行分析是基礎情報的特徵。

【動態情報】

是用於分析在對象國，現在進行時發生的事物的情報。

例如，從「俄羅斯在二月二十四日進行了軍事侵略」的資訊中，設定「俄羅斯是為了什麼而進行軍事侵略的？」等問題，回答這一問題的是動態情報，用於分析戰況的變化。

【推測情報】

這是預測未來的情報。

也就是說，「今後可能會發生〇〇」等為了預見將來的情報。

例如「中國將根據俄羅斯軍事侵略的教訓，對臺灣進行侵略」。

這往往是中期、長期戰略制定的依據，是積累基礎、動態情報製作的結合。

情報有三個種類

與戰略相關的情報分析術

情報分析分為「現狀分析」和「未來預測」。

現狀分析就像字面一樣，明確「現在怎麼樣了？」，而未來預測是「未來會怎樣？」。因為未來在現在的前方，所以現狀分析和未來預測是分不開的。

並且，現狀分析對應於前述的情報種類，可分為「基礎分析」和「動態分析」。

也就是說，基礎分析是用來創建基礎情報的，動態分析可以說是用來創建動態情報的。

【基礎分析】

廣泛掌握從過去到現在的狀況。而且，找到狀況的特質是很重要的。「經濟」、「政治」……等，按類別區分資訊的話，可以突顯狀況的特質。

例如，「近年來通貨緊縮的狀況一直持續著」，如果按類別分析情報的話，「冷戰崩潰導致的對立結構的解除（政治）」、「人口發生變化（社會）」、可以看出「全球化帶來的廉價進口產品、技術革新帶來的高效生產體制（科技）」等狀況的特質。

掌握這種狀況的特質，對於捕捉巨大變化的徵兆（預兆）很重要。

【動態分析】

明確「誰、什麼、什麼時候」這一情報的主語和謂語，在此基礎上，釐清「為什麼會發生這樣的事情？」的原因和結果。

並且明確「對我們（自己）來說，有什麼意義？有什麼影響？」。

例如，以上述通貨緊縮的例子來說「最近物價高漲是通貨緊縮向通貨膨脹轉變的徵兆，其背景是以美中為中心的大國間的競爭（政治），帶給全球經濟的副作用的貿易戰（經濟）、新興國家的發展和人口變化帶來的人事成本變動（社會）等狀況。」的分析。

通過將基礎分析和動態分析兩種綜合起來，可以預測「今後會發生什麼」，做出面向未來的正確決策和行動。

總之，只有平時務實地分析現狀，才能預測未來，創造面向未來的成果。

從平時開始腳踏實地把握狀況是有效的戰略

與成果相關的四個問題

在情報的製作和資訊分析中，最重要的是問題的設定和再設定。

無論是在現場的諜報員，還是本部的諜報員，平時都會周密地進行提問的設定，不存在沒有問題意識的諜報員，如此一來才能具體進行問題的設定。

問題的設定，在2章已經說過，收集資訊的時候應該考慮「為了什麼目的收集？」。

「應該做什麼」的前提是「為了什麼目的而收集？」，但是很多人沒有搞懂「為了什麼目的而收集？」，所以也提不出應該收集什麼資訊的問題。

因此我建議商務人士要重視思考「自己想做什麼？」。

如果「想賣這個新商品」的話，「誰會買這個新商品」的問題自然會出現。這是第一個問題，第一個問題可以先跳過，因為現時還沒有明確自己的戰略。

對於自己來說，真正能做出最好戰略的決策，是通過重新設定問題來磨練，變得更加明確。

如果不重新設定問題，會找不到自己真正需要知道的「關鍵問題」，這樣就不能得到好的成果。

首先，問題大致有兩種：

「現在的問題」 和 **「未來的問題」**。

解決現在問題的是「現在的問題」，準備未來的威脅，使未來成為理想狀態的是「未來的問題」。

打破現狀卻沒有規劃未來沒有意義，想為未來做準備卻受困現在也沒有意義。

其次，區分 **「能用** ＹＥＳ／ＮＯ **回答的問題，或是不能回答的問題」**。

四個「問題」的類型

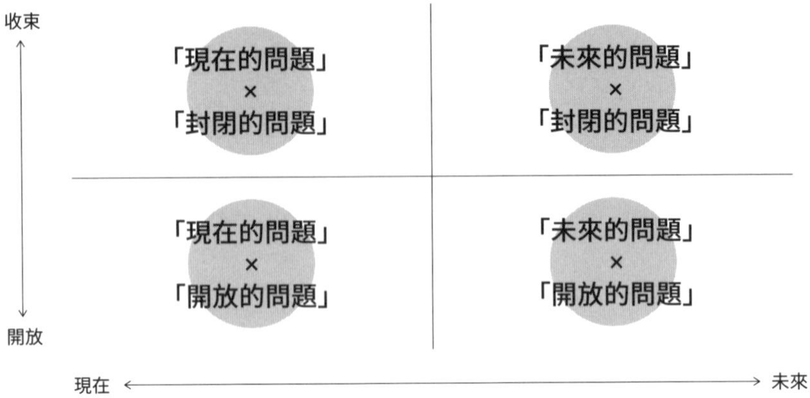

為了有效的資訊分析，進行問題的再設定！

用YES／NO不能的問題，包含了「什麼時候、誰、為什麼、怎樣」這一要素的問題。

能用YES／NO回答的問題稱為「封閉式問題」，不能回答的問題稱為「開放式問題」。

也就是說，問題有以下4種。

1. 「現在的問題」×「封閉的問題」

2. 「現在的問題」×「開放的問題」

3. 「未來的問題」×「封閉的問題」

4. 「未來的問題」×「開放的問題」

這沒有必要想得很難，因為只要找到一個問題，剩下的三個問題就會自然而然地找到。

例如

「這本書A大受歡迎嗎？」（「現在的問題」×「封閉的問題」）

然後

- 「什麼樣的商品會大受歡迎？」（「現在的問題」）×「開放的問題」）
- 「和這本書類似的B商品會大受歡迎嗎？」（「未來的問題」×「封閉的問題」）
- 「怎樣賣什麼樣的書籍才能大受歡迎呢？」（「未來的問題」×「開放的問題」）

這樣的問題自然而然地被暴露出來。

也就是說，考慮一個重要的問題。**如果是現在的問題，對未來的問題，如果是「封閉」的問題，重新設定為「開放」的問題就好了。**

並且，在重新設定問題的手法中，帶入擴大視野，擴大焦點，捕捉過去的潮流，從相反的角度考慮等方法。

這是從蟲的眼睛（聚焦）、鳥的眼睛（大局）、魚的眼睛（從過去的傾向，潮流來看）、蝙蝠的眼睛（逆轉的想法）來看的思考方法。

運用四種眼睛，使思考縱橫、斜、靈活地進行是快速到達關鍵問題的秘訣。

用蟲、鳥、魚、蝙蝠的眼睛做問題

行不通的六種狀況

問題的設定和再設定非常重要，所以我想介紹一下某種「型」的技術。

不管是提出之前介紹的四個問題，還是使用四種眼睛，如果沒有達到關鍵問題，可以嘗試以下做法。

這是美國情報局ＤＩＡ（國防情報局）在初級分析官用的手冊中介紹的手法，例題如下。

第一個問題是「中國向伊朗出售彈道導彈嗎？」，通過適用於以下六種類型，提問的品質會進一步提高。

①**換言之**「伊朗有從中國購買彈道導彈嗎？」

②**旋轉一百八十度**「中國不僅沒賣彈道導彈給伊朗，反而從伊朗買了彈道導彈？」

③**擴大焦點**「中國和伊朗之間是否存在戰略協調關係？」

④**集中焦點**「中國向伊朗出售哪種飛彈？」

⑤**變換焦點**「伊朗想要中國飛彈的理由是什麼？伊朗如何支付購買的飛彈金額？」

⑥**追究理由**「中國為什麼要向伊朗出售飛彈？」→「這是為什麼？」→「想對伊朗產生影響力」→「這是為什麼？」→「中國想威脅美國在海灣地區的權益」→「這是為什麼？」→「因為想消滅美國集中在亞洲地區的力量」→「這是為什麼？」……

在決策、行動決策遲疑不定的時候，套用這些問題中的任何一個，都可以找到突破口。

在⑥「追究理由」的提問形式中，也有助於將現在的問題轉換為未來的問題。

最初設定的問題往往不是自己真正應該解答的問題，最好的問題是「能解開的問題＋解開就有效果的問題」。

轉換思路找出有效的問題

分析現狀的框架分析

對於商務人士來說，什麼樣的現狀分析法會有用呢？

在這裡介紹我作為情報分析官也經常使用，希望商務人士也能最低限度掌握的框架分析，這是將收集到的資訊套用於框架，從資訊中找到提示和解答的方法。

3C分析

作為對商務人士有用的現狀分析框架，首先介紹3C分析。

3C是指

- **Client 客戶市場・客戶**（市場的成長性、規模、客戶需求、購買者是怎樣的人）
- **Competitor 競爭**（競爭、市場占有率、戰略、組織結構、資源和能力）
- **Company 所屬公司**（所屬公司的資源、能力、強弱）

這個分析法是為了找出自己和所屬公司的成功戰略，3C由外部環境（市場、顧客、競爭）和內部環境（所屬公司）構成。

了解市場情況和客戶需求，以及在市場上處於何種立場，如何滿足需求，並且考慮與市場和顧客、競爭交往的手法。可以用來分析自己所處的現狀，得出最佳的決策和行動。

4P 分析

下面介紹 4P 分析，這是在考慮企劃、銷售商品和服務時有效的分析法。

4P 是指：

Product **產品、服務**（銷售什麼商品、服務？）

Price **價格**（賣多少錢？）

Place **流通**（銷售場所和方法等，如何送達顧客？）

Promotion **促銷**（如何向顧客傳達商品的優勢？）

從這些要素分析自己的企劃、所屬公司的商品、服務，找到優勢，通過促進銷售的分析法，可以做出決策。

PEST分析

最後介紹PEST分析。

這是為了分析社會的變化和動向，知道對自己有什麼影響的框架分析。

PEST是指：

Politics **政治因素**

Economy **經濟因素**

Society **社會因素**

Technology **技術因素**

通過了解自己無法改變的外在因素，可以找到對自己來說最合適的戰略，有助於應對社會、行業這一環境的變化。

這些框架分析都十分基本。

但是基礎才是重要的部分，把這些框架組合起來使用，就能做出最合適的決策。

同時分析外在因素、內在因素兩方面

分析官會花60％的心力去研究歷史事件

我來介紹一下我擔任防衛省情報分析官時最有效的分析手法。

那就是歷史分析。

我在進行國際形勢等分析時，都是以歷史分析做起點。

所謂歷史，說白了就是年表。

歷史分析是**將收集到的資訊，從過去到現在按年代順序排列，著眼於事物的大推移和事件的前後關係，來釐清因果關係的手法**。

該方法能夠找到引起特定事件的原因，即影響因素，所以也能成為預測未來的提示。

例如，如果從過去的事件中整理出「對外戰爭→石油危機→民主化運動」的流程，推導因果關係，就可以描繪出現在發生的戰爭，所引起的局勢變化走向。

歷史分析是一種有效面對過去歷史的方法，在這裡我想說說我的想法。

有人說：**「情報分析官需要長期的歷史視野。」**

我們也經常聽說「歷史是未來的鏡子」、「看歷史就能看到未來」。

然而現實中很多人只是說說而已，很少能好好面對過去。

但是諜報員不一樣，諜報員改變世界，卻要偽造自己的成長史。

如果無法毫無矛盾地說出「什麼時候、幾歲的時候做了什麼、那個時候、社會上發生了什麼、自己對社會的事情是有什麼感覺、如何行動」，就無法通過政府的嚴厲審問，所以記憶術及對歷史的知識也很重要。

其實，記憶術和歷史的知識可以說是諜報員的武器，佐爾格在被捕時，攜帶了近一千本有關日本的書籍，其中不僅有當時的書籍，還有日本書紀、古事記、萬葉集、平家物語、源氏物語等古典英譯本。

佐爾格在《佐爾格事件獄中手記》中說：「我熱心學習了日本古代的歷史、政治史、社會史、經濟史。憑藉這些知識，很容易把握現代日本的政治和經濟問題。」

日本優秀的經營者也重視歷史，據說日本電產的永守重信會長在二〇〇八年的雷曼[16]衝擊中，日本電產的銷售額掉到全盛時的一半以下時，產生了「公司倒閉」的恐懼。

當時，為了找到解決的頭緒，他去圖書館調查一九二九年的經濟大恐慌，找到那些在大恐慌中生存下來的企業，分析了其成功的原因，變成在當今時代也適用的方法，解決了公司面對的困難。

所有組織都會隨時間積累了過去的數據，但就算有留下歷史的資料，沒有系統的整理，也沒有辦法活用。

因為「沒有整理」狀態的資訊只是單純的集合體，無法從中得到提示和解答。

因此，為了找出所屬公司銷售額的推移、過去銷售額急劇下降的原因等，系統地整理數據和資訊是很重要的。

系統地整理數據和資訊的方法就是分類，分析由「分類」、「比較」、「找出特質」構成。

上述的框架分析是對事物的構成進行功能性分類，對同時代的事情進行橫向分類和對比的做法。

在上述例子中，將引起通貨緊縮的影響因素等按類別分開，釐清相關關係等。

但是，如果沒有與過去的比較，就不能發展為情報分析的理想形態——預測未來。在4章中曾提過「縱向的變化」很重要，在預測未來時需要縱向的比較，最有效的方法是歷史分析。

從歷史中找出成功因素

16 二〇〇八年九月十五日，在美國財政部、美國銀行及英國巴克萊銀行相繼放棄收購談判後，雷曼兄弟公司宣布申請破產保護，負債達六千一百三十億美元，衝擊世界經濟。

分析歷史事件的方法與意義

我在面向商務人士的「情報分析講座」中強調，用過去的數據和資訊，透過歷史分析，來解決現在的問題和預測未來。

當時許多人搞不清楚「什麼是歷史分析？」，聽見較為陌生的分析方法時，顯得很有新鮮感。

我在「情報分析講座」上以朝鮮問題為題材，當時從一九五〇年朝鮮戰爭結束到現在的七十年間，大約製作了十五張Ａ４的事件年表。

事實上在我的情報分析中，年表的製作占了全分析工程的六成以上的勞力。「欲速則不達」，說到底，踏實的歷史分析是最快能得出答案的辦法。

在這場「情報分析講座中」，面對即將舉辦的美朝首腦會談（二〇一八年六月），來推測「北韓會不會放棄核武器？」。

因此，圍繞核開發的事件中

● 拒絕ＩＡＥＡ[17]核查（二〇〇二年十二月）↓

- 即時退出NPT[18]（二〇〇三年一月）↓
- 第一次六方會談（二〇〇三年八月）↓
- 遠程彈道導彈發射（二〇〇六年七月）↓
- 核子試爆（二〇〇六年十月）↓
- 第五次六國協定決議原子爐停止
- 確認公布同年的所有核開發活動（二〇〇七年二月）

這裡可以了解，對北韓施展軟硬兼施的戰略「適得其反」，造就開發核彈的歷史。

北韓在美朝首腦會談之前，曾暗示無核化的穩健政策。

「但完全放棄的可能性很低，關係改善只是表面工夫，不排除企圖進一

17 國際原子能總署（International Atomic Energy Agency）。

18 核武禁擴條約。

步開發未完成的ＩＣＢＭ[19]、部署面向日本等地的中程導彈的可能性。」

結果如預料，現在北韓正在進行中程導彈等實驗，這就是從歷史分析得出的未來預測。

稍微總結一下吧，雖說歷史會重蹈覆轍，但不會發生一模一樣的事情，從這點來說，歷史分析的意義大致有三個：

- **發現類似事件的傾向**
- **理解什麼性質的事件會產生影響，創造歷史**
- **分析動機為基準，預測未來**

也就是說，為了預測現在的關注事件會如何發展，製作了年表，在有類似事情的情況下，推理「是怎麼發生的？」、「造成那個變化的主要原因是什麼？」等。

然後找出事物背後的主導者、推動發展的力量「推進力」，預測未來。

歷史分析不能只停留在考察歷史的程度，要有強大的意志力，去找出歷史的必然性和因果關係，才能預測未來。

我不久前接到一家企業關於「商品銷售額與外部環境的關係」的調查委託，由於最近網路資訊發達，簡單的歷史年表很快就能完成。

因為有歷年暢銷商品，每年重大事件（十大新聞）等資訊，稍微花點工夫，就能製作有效的歷史分析。

建議你也在能力所及的範圍內，製作屬於自己的年表紀錄。

如果能製作所屬公司銷售額的推移圖表、年表、外部環境以及內部環境中的歷年大事件等，一定會得到出乎意料的成果。

明白了三個意思就能看到未來

19 洲際彈道飛彈（Intercontinental ballistic missile）。

解決方案規劃中遇到的所有問題

諜報員不會武斷地預言未來會發生的事情，這是因為**「應該是這樣的」這種天真的想法有可能會使人喪命**。

所以，他們會設想一些未來可能發生的風險，考慮「這樣的話就這樣做」、「那樣的話就那樣做」來決定對策。

未來的事情誰也說不準，在二〇二〇年的美國總統選舉中，「川普獲勝還是拜登獲勝」的討論十分激烈，結果出乎「專家」意料之外。

在此次烏克蘭危機中，幾乎所有專家都表示「俄羅斯不會進攻」，進攻後則表示「俄羅斯短時間內會壓制烏克蘭」，事實證明所有人都猜錯了。

在名著《超級預測》（菲利普・泰特洛克、丹・賈德納）中說：「專家的預測平均準確度與黑猩猩投飛鏢的命中率差不多。」

即使是我最熟悉的中國形勢，我也同樣無法準確地預測未來。

但是再多想一下，例如「川普獲勝，還是拜登獲勝」，真的是關鍵問題嗎？

預測美國對日本政策的方向性比誰當選來得重要多了。

預測未來與鐵口直斷或模糊的預言不同，預測未來的目的是降低不確定性。也就是說，不管發生什麼事情，都要冷靜地判斷，做好兩面準備，因應未來局勢發展才是重點。

無論發生什麼事情都不要手忙腳亂，預測未來的方法就是按計畫寫劇本，劇本是為了制定軍事戰略而進行研究的。

簡單地說，就是考慮面對未來局勢的不同發展，準備多個劇本來行動。例如現在經常聽到「烏克蘭和俄羅斯誰會贏」的問題，但對日本人來說，誰贏在某種意義上並不重要。「無論哪一方獲勝，都要讓日本人不受波及」或者「即使戰爭繼續，也要盡量減少日本人受到的影響」更為重要。

也就是說，寫劇本的理由是，無論發生什麼樣的劇本，都能冷靜地決策、行動。

劇本分為**「基本劇本」**、**「代替劇本」**、**「預想外劇本」**三大類。

基本劇本是從過去到現在的推移持續的劇本，將過去到現在的推進力（驅動力）投射到未來，製作劇本。

代替劇本發生變數時，根據最有可能造成改變的推進力來寫的劇本。

例如，如果現在的趨勢是「就業人口減少」的話，那就製作改變了這件事的劇本。

預想外劇本假設最不可能改變的推進力被破壞，非預期場景創建劇本。

例如，想想看「ＡＩ化的衰退」等推進力，大膽地構思預想外的劇本。

請把這些記在心裡，理解以下解說的劇本基本製作方法。

為所有劇本做好準備比預測更重要

寫出合理劇本的兩種方法

在考慮劇本方面，有幾種手法和思考方法，具有代表性的是反向推演和正向推演。

反向推演

反向推演是預測遙遠未來的方法。

暫時跳脫收集的資訊，發揮想像力，設定未來快要發生的現象，未來的理想等，思考發生需要達成怎樣的條件。也就是說，這是一種**從未來看往過去的思考方法**。

在這個時候，我推薦的是思考兩種未來，理想的未來和最糟糕的未來。

例如，想像理想的將來，提出「○○要實現？」的問題，思考「為此需要做什麼？」。對最糟糕的未來也用一樣的思考方式就好。

最近，隨著ＩＣＴ[20]和全球化的發展，社會發展迅速，變得錯綜複雜。因此短期戰略和三到五年的中期戰略已經不能應對變化了，長期戰略的重要性不斷增加，反向推演備受矚目。

20 資通訊技術（ICT, Information and Communication Technology）。

不必想得太難，這個思考法考驗的是想像力，運用累積的知識、常識，不受現有觀念拘束，建立未來的假說就行了。

然後，以那個假說為基礎採取行動，如果能得到新的提示和解答，再修正假說，或者換成其他假說行動就好了。

正向推演

另一個思考劇本的方法是正向推演，這是從過去預測未來的手法。一邊參考收集的資訊，一邊觀察從過去到現在的傾向，想像未來的變化。

例如，從過去到現在，人口有增長的傾向，對於今後人口增加也會加速的單純預測就會成立。

一般認為預測三到五年內的範圍有用，社會環境劇烈變動的現代，正向推演的有效期限變得比以往還短。

在國際形勢的分析等方面，使用反向推演和正向推演兩種方法進行分析。也就是說，一方面預測未來，另一方面想像如何應對未來的變化，邏輯性地製作從現代到未來的劇本。

我認為，未來預測就像「隧道工程」。一方面從入口挖，另一方面從出口挖，最終讓兩邊能夠接上。

作為入口的現狀分析固然很重要，不過，想像性的反向推演，建立假說也同樣重要，通過同時使用這些思考法，更容易採取冷靜的判斷和行動。無論發生什麼事情，都能掌握應對的力量。

只要準備好所有的劇本就萬無一失！

06

「冷靜」、「迅速」實行想法的動腦方式

「狀況判斷」、「風險管理」、「情緒控管」的「諜報之型」

諜報員常常在極限狀態下執行任務。
所以，更要時刻保持平常心。
如果不能冷靜地判斷狀況和控制感情，
那就不可能完成任務。
諜報員冷靜而迅速地執行，
這份技術也適合商務人士學習。

排除情緒，冷靜地實行

前ＣＩＡ諜報員傑森・漢森現時經營一家為商業人士提供人身和資訊安全的公司。

他著有《超一流諜報員教的ＣＩＡ式絕密心理術》、《提高狀況識別力保護你》兩本書。

漢森在著作中說：「ＣＩＡ調查官能否生存，最終取決於狀況認識能力。」

而且不僅要努力認識情況，還必須「迅速採取行動迴避危險」。迅速、正確地進行狀況判斷，並讓判斷和行動化作一體，才能避開危險。

如果平時就能認知到風險，適當地進行狀況判斷的話，就可以減少情緒的影響，冷靜地考慮事情、行動。

我赴任孟加拉時，當時處於一個有點動盪的狀態，能夠順利完成三年的任務，可以說是因為在危險的情況到來之前，就規避了風險。

據說CIA的訓練所，在長達一年半的嚴酷訓練中，從審訊恐怖分子問出貴重的情報的方法，到尾隨跟蹤的技巧，教會了所有的技能，培養出能夠隨機應變的優秀諜報員。

漢森說，這些優秀的諜報員在制定作戰計畫時，會在會議開始前就管理好資訊安全、人身安全、健康問題，以及做好在緊急情況下終止作戰的準備。結束會議後，也要制定與當地合作者秘密通訊的具體計畫。

商務人士在做任何事情之前，把握現狀，評估風險和意外，思考迴避的對策是很重要的。

適當的狀況判斷和風險管理很重要

風險管理的兩個鐵則

即使不是諜報員，很多商務人士也可能遇到意外與危險。

危機管理和風險管理是兩個不同的詞，加起來廣義上稱為「危機管理」。

但許多商業人士更需要的是風險管理。

「已經發生危機時採取的對策」叫做危機管理。

風險管理主要著眼於**「降低風險的原因，以免發生危機」**，風險管理的「性價比」更好。

風險管理的第一條鐵則是**「不要太顯眼」**。

我之前說過，理想的諜報員並不是像詹姆斯·龐德那樣的人物，而是非常普通、不起眼更為重要。

引人注目是危險的。

在商務中，有時也需要引人注目，但「不要在不必要的情況下引人注目」！

諜報機關裡，急於表現的人將被淘汰。

太醒目的話，會引來周圍的人嫉妒、反感，用小動作掣肘，這樣一來很難取得好表現。

第二條鐵則是**「謹小慎微」**。

人是如果不發生危險的狀況，就會放鬆警惕、忘記風險的生物。謹慎並不是嘴巴說說的那樣簡單。

不要忽視導致大危機的小風險。

你有聽過「隱患」和「海因里希定律[21]」這兩個詞嗎？

這都意味著要隨時注意面臨重大危機的情況。

定律提到：「在一件重大事件的背後，隱藏著二十九次輕微事故和三百起無人受傷的事故。」

輕視這一點，沒有準備對策或不小心的話，就會導致無法挽回的大事故。

這在工作上也可以說，不怕一萬，只怕萬一，看似風平浪靜，但仔細一看，許多意外事前都有小徵兆，不要忽視眼前的跡象。

擦亮你的眼睛，不要輕視危機的徵兆

諜報員特別推薦的是「狀況判斷力」

掌握狀況之前的狀況判斷是什麼？

狀況判斷力在商務人士想掌握的技能中，也是最高級的。

漢森在其著作《超一流諜報員教的ＣＩＡ式絕密心理術》中說：

「如果把絕大多數人希望掌握的力量總合在一起的話，那答案無疑是狀況判斷力。」

「所謂狀況判斷，是指經常警戒周圍的情況，保持注意力。」

「狀況判斷」是軍事用語。

明治時期軍事教範中出現了「情況判斷」這個用語，而在昭和初期的軍事教範中，變成了「狀況判斷」，內容規定：「指揮官為妥善指揮作出情況

21 赫伯特．威廉．海因里希（Herbert William Heinrich，一八八六年～一九六二年）所提出的理論。在一個工作場所，每發生一起嚴重事故，背後一定有二十九次輕微事故和三百起未遂事故，預示任何不安全事故都是可以預防的。

判斷，以情況判斷為任務基礎，考量我軍狀態、敵情、地形、氣象等各種資料，積極制定完成我軍任務的方案。」

所謂狀況判斷，就是軍隊指揮官要掌握好敵我雙方的狀況、地形環境，選定最佳方案，對於諜報員來說，狀況判斷力也是最重要的技能。

從事危險任務的他們，需要理解自己的能力，洞察敵人的力量和意圖，把握周圍的環境，判斷敵人會做什麼事。**在感知到風險後，冷靜地採取擊退和躲避的行動**。

據悉，諜報員為了避免危機，需要判斷情況，但在選定目標進行勸誘時也需要。

頂尖的諜報員為了找到合作者，使用的技能就是前面提到的「SADR循環」。

再重複一次，內容是「①制定目標（Spotting）、②評估（Assessing）、③構築人際關係（Developing）、④勸誘（Recruiting）」的「諜報循環」。

在這個過程中最重要和最緊張的是最後階段的勸誘。

諜報員在勸誘之前，會慎重選定目標，隱藏自己的身分，與合作者建立關係。

但是，在勸誘階段，他需要承認自己是諜報員，並勸誘他「成為我們的合作者吧」。

那個時候，如果被目標回答「NO！」，諜報員就會被舉發，導致被當地政府逮捕，一生被投入監獄，甚至處以死刑。

因此，諜報員要謹小慎微，對對方進行多方評估，判斷狀況，在關鍵時刻做出正確決斷。

實際上，最重要的情況判斷是中斷與目標的關係。

前CIA諜報員漢森在《超一流諜報員教的CIA式絕密心理術》中斷言：「如果認為作戰不順利，間諜會立即斷絕與對方的關係。」

諜報員與目標建立合作關係時，也同時會思考「應該在什麼時候切斷與這個目標的關係」。

前德國情報局人員利奧·馬丁吐露了與合作者斷絕關係的痛苦內心，各式各樣的危機和摩擦，有時會破壞與合作者的信賴關係。

但是馬丁說：「諜報員常常會面臨危機」，「應該道歉的時候就道歉，體諒對方的行動，理解對方的立場，下定決心停止交往的話，就不會掛懷過去了。」

即使是商務人士，沒有把握好分寸的話，也會受到很大的打擊。

制定撤退的標準

像「利益達不到標準就中止」、「損害自己利益時就捨棄客戶」這樣，事先訂下停損點的標準是很重要的。

排除來分一杯羹的鯊魚

諜報員必須有看人的眼光，最重要的標準是「正直與誠實」。

無論目標的知識多麼有用，或是地位多麼重要，如果判斷是一個「不正直、不誠實」的人，就要斷絕關係。

這在商業上也是一樣的，如果客戶、顧客不誠實，最好避免進一步的往來。如果對人失去信任而不安的話，就沒辦法好好工作了。

在諜報員的世界裡，內部的人不團結的話，行動會危及整個組織。因此相比外部的人，看清內部成員的人品更為重要。

諜報活動一般都是團隊行動。

整個活動的總指揮、獲取機密資訊的人、傳遞獲得的情報的人、負責拉攏合作者的人、從事工作的人等，有各種諜報員參與活動。

也有分析小組負責分析諜報員收集的資訊，為情報使用者提供情報。

正如前面所說過的，**他們最重視的素質是協調性**。

前ＣＩＡ女諜報員卡爾森將「強悍、大膽、無所畏懼、熱烈地追求目標不惜違反法規」的人比喻為「鯊魚」。

她還說過：「在商業世界裡也有像鯊魚一樣行動的人」，ＣＩＡ對這樣的人物會毫不留情地進行全身搜查，有時甚至會用上測謊器，不能對「鯊魚」置之不理。

商業人士也要與「鯊魚」型的人物保持距離，「鯊魚」雖然也能取得成果，但他們本身就是危險分子。

和這樣的人物扯上關係沒有好處，盲目信任他們只會害死整個組織，不知不覺間，自己也會被周圍的人認為是「鯊魚」。

另外，ＣＩＡ的諜報員只要與異性交往就必須報告，定期接受體檢和心理測試。不斷地面對有關私生活的提問。

因為混亂的私生活會影響工作。

除了盡量不要與私生活邋遢的人物往來太過密切外，自己也不要認為私生活和工作是兩碼事，要時時刻刻警惕自己不要怠慢。

在中情局，酗酒、私生活混亂會導致工作的失敗，因為這是導致狀況判斷力下降的主要原因。

與強悍、大膽、無所畏懼的人保持距離

找到認知偏差的陷阱，保持冷靜的感情

一九九〇年代的孟加拉，市內到處都是乞丐，其中很多都是帶著孩子的婦女。

實際上，孩子是跟隨首領乞討的，當地的官員表示，這些慘狀都是演出來的。

人會因為心理及感情因素而失敗，被感情折騰的話就不能冷靜地判斷，這是無可避免的。

人常常被感情支配而影響狀況判斷，根據偏頗的信念，做了不合理的選擇，稱為認知偏差。

認知偏差雖然有助於直觀地迴避風險，但也會導致意想不到的失敗，所以要小心提防。

因為同情對方，不知不覺就施捨金錢的「感情偏差」。

在「高、中、低」的三種價差中選擇中間的「誘餌效果」。

對討厭的狀況閉上眼睛逃避的「平常性偏差」。

從別人那裡得到禮物和一點工作的話，就必須償還的「回報性原理」。

商務人士如果意識到認知偏差的存在，就不會失去冷靜的判斷力。

找到影響情緒的因素

在自我保護上多花一點心思

諜報員很少說謊，商務人士也不該說謊，但是在激烈的情報戰中，傳播虛假情報，防止重要的情報外洩，誤導對方使其判斷錯誤有時也是必要的手段。

第二次世界大戰時，英國有二十個委員會，這些委員會的目的是擾亂滲透到英國的德國諜報員，成為雙重間諜，把英國準備好的假情報傳遞回德國，使德國的情報機關做出錯誤的判斷。

向雙重間諜傳遞假情報是反情報的慣用手段，一般來說對同伴和合作者說謊是不好的，但有時為了降低風險，可能要借用謊言的力量。

我在國外工作的時候，曾聽一位安全對策專家說過：

在菲律賓，傭人經常會向雇主預支薪水。

遇到這種情形時，雇主必須說：「我沒有現金，請等我明天去銀行領錢。」

在藏不住秘密的菲律賓，「這個雇主沒有把錢放在家裡」的傳聞很快就會傳開。

這樣一來，被闖空門的危險性就會大大降低，這種稍微使用一點小手段，就能有效降低風險的方法讓我十分佩服。

這就是操控對方心理，使其「放棄想做的事」的技能。

只有謊言可以讓對方放棄目標

與死相鄰，為何還能保持平常心？

最後再強調一遍，對於諜報員來說最重要的任務之一，就是獲得合作者。

選定目標，慎重地建立與對方的信賴關係，直到能開口問出「願意幫助我們組織嗎？」。

如果對方說「YES」的話，那就可以放心了，但是如果「NO」的話，對方可能會向所屬國家的治安單位告發。

坦露自己的真實身分是一件賭上性命的事情，從事這種嚴酷工作的諜報員更要保持平常心，平常心是不被危機所動搖的精神力量。

不要因為害怕自己的身分暴露，就疑神疑鬼，諜報員要有堅定的意志。不論是憤怒還是沮喪，商務人士也會有情緒不穩的時候吧。

那麼諜報員是如何保持平常心呢？

過去的諜報員分為「愛國間諜」或「金錢間諜」。

之後在共產主義社會的誕生中出現了「意識形態間諜」。

當然，僅靠大義和愛國心無法將諜報活動堅持下去，為了兼顧生活品質與心理健康，金錢還是必要的。

但是在進行諜報活動時，如果沒有大義和愛國的崇高目的，很容易就會半途而廢。反之如果有意識形態和愛國心，就不會因為一點小事動搖，也不會逃避困難。

也就是說，**在自己行動的前方有目的、目標，所以即使遇到困難也能保持平常心**，這一點對商務人士來說也是一樣的，如果你心中有強烈的願景，即使在艱困的情況下也能堅持下去。

要抱持達成目標的信念，是理所當然的事情，只要自己有一顆不動搖的心，什麼事都能「冷靜」、「迅速」地達成。

堅定的信念才是你最後的武器

後記

戰略、戰術、目標、競爭對手、宣傳活動……

在商業世界中，戰爭和競爭也在不斷持續，因此同樣重視搶得先機。

想掌握必勝技能的商務人士大多喜歡閱讀《孫子》等兵法書。

《孫子》最重視「用間」，也就是諜報員的運用，無論哪個時代，戰勝的秘訣都是掌握諜報技能。

國家情報機關的前諜報員執筆的商務書，往往都是熱門暢銷書，這也可以說是「諜報控制世界」的一種表現吧。

我自己在讀這些書時，因為身為現代諜報員，實際學習和體驗過這些技能，很快就能讀進去，也能看懂藏在文字背後的暗示。

在本書中，前防衛省情報分析官，現在一邊做商務顧問一邊研究情報的我，只介紹了商務人士所需的技能。為了方便讀者理解技能，所以打算用簡單的方式解說。

加快頭腦的轉動，隨時保持冷靜、迅速、靈活地思考，行動時就能取得成果。

如果工作時會感到壓力，那即使努力也很難取得成果吧，人際關係也是一大挑戰。學習面對困難任務不斷取得成果的諜報員的思考方法和行動流派「型」，可以有效為你帶來幫助。

學習諜報員使用的「型」不僅有助於商業，也可以保護你的人生和重要的人，請一定要活用本書，在人生的戰鬥中堅強地活下去。

最後，感謝製作本書的編輯森下裕士和主編內田克彌。

上田篤盛

「古之所謂善戰者，勝于易勝者也。
故善戰者之勝也，無智名，無勇功」
勝利者不做莽撞的事，不打必敗的仗。
「隱身幕後」，那就是諜報員的戰鬥方式。

「故三軍之事，莫親于間，
賞莫厚于間，事莫密于間。」
組織高層最信任諜報員，給予他們最高的報酬，
諜報員的工作也是最需要保密的。
可以說，諜報員是組織必不可少的存在。

《孫子》

國家圖書館出版品預行編目資料

最強職場諜報術：日本王牌諜報員頂尖密技，成功率 100% 的職場致勝法 / 上田篤盛著；林函鼎譯. -- 初版. -- 臺北市：平安文化, 2023.12　面；　公分. --（平安叢書；第 780 種）(邁向成功；94)
譯自：超一流諜報員の頭の回転が速くなるダークスキル
ISBN 978-626-7397-07-7（平裝）

1.CST: 職場成功法

494.35　　112019297

平安叢書第 780 種
邁向成功 94

最強職場諜報術

日本王牌諜報員頂尖密技，
成功率 100% 的職場致勝法

超一流諜報員の頭の回転が速くなるダークスキル

作　　者—上田篤盛
譯　　者—林函鼎
發 行 人—平　雲
出版發行—平安文化有限公司
台北市敦化北路 120 巷 50 號
電話◎ 02-27168888
郵撥帳號◎ 18420815 號
皇冠出版社（香港）有限公司
香港銅鑼灣道 180 號百樂商業中心
19 字樓 1903 室
電話◎ 2529-1778　傳真◎ 2527-0904
總 編 輯—許婷婷
執行主編—平　靜
責任編輯—陳思宇
美術設計—江孟達、李偉涵
行銷企劃—謝乙甄
著作完成日期— 2022 年
初版一刷日期— 2023 年 12 月

法律顧問—王惠光律師

讀者服務傳真專線◎02-27150507
電腦編號◎368094
ISBN◎978-626-7397-07-7
Printed in Taiwan
本書定價◎新台幣 320 元 / 港幣 107 元